高等职业教育"十二五"规划教材

Gonglu Huanjing yu Jingguan Lühua
公路环境与景观绿化

李晓红　齐丽云　主　编
余雪娟　武春山　副主编
　　　　　周秀民　主　审

人民交通出版社

内 容 提 要

本书共分两个模块。模块一为公路环境问题治理,主要内容包括:认识公路交通环境问题;认识公路环境要素;公路生态环境保护;公路水土保持;公路环境污染防治;公路社会环境保护;公路环境监理。模块二为公路设计阶段环境保护,主要内容包括:公路环境影响评价;公路环境保护总体设计;公路景观设计;公路绿化设计。

本书是交通类高职高专院校道桥工程技术专业教材,也可供交通中等职业教育道桥类专业师生学习,还可作为从事道桥设计、施工的工程技术人员、监理人员及管理工作人员的学习参考书。

图书在版编目(CIP)数据

公路环境与景观绿化 / 李晓红,齐丽云主编. —北京:人民交通出版社,2013.3
ISBN 978-7-114-10312-4

Ⅰ. ①公… Ⅱ. ①李… ②齐… Ⅲ. ①公路 – 环境保护②公路景观 – 道路绿化 Ⅳ. ①X322②U418.9

中国版本图书馆 CIP 数据核字(2013)第 009440 号

高等职业教育"十二五"规划教材

书　　名:	公路环境与景观绿化
著 作 者:	李晓红　齐丽云
责任编辑:	袁　方　王绍科
出版发行:	人民交通出版社股份有限公司
地　　址:	(100011)北京市朝阳区安定门外外馆斜街 3 号
网　　址:	http://www.ccpress.com.cn
销售电话:	(010) 59757973
总 经 销:	人民交通出版社股份有限公司发行部
经　　销:	各地新华书店
印　　刷:	北京市密东印刷有限公司
开　　本:	787×1092　1/16
印　　张:	9.25
字　　数:	220 千
版　　次:	2013 年 2 月　第 1 版
印　　次:	2017 年 1 月　第 2 次印刷
书　　号:	ISBN 978-7-114-10312-4
定　　价:	28.00 元

(有印刷、装订质量问题的图书由本社负责调换)

前　言

可持续发展是指导我国中长期发展的战略措施，而环境保护是可持续发展的重要内容，也是我国的一项基本国策。综合分析我国公路交通事业发展的现状，公路交通事业的快速发展，既促进了我国社会经济的繁荣，又为我国可持续发展带来了日益严重的环境问题。目前，因公路建设引起的水土流失、生态破坏、噪声对环境的影响，已引起人们的广泛关注。因此公路交通的环境保护工作应贯穿于项目建设的设计期、施工期及运营期等全过程。交通运输部颁布的《交通行业环境保护管理规定》中要求，交通大专院校和中专学校都要设置环境保护基础课程，有条件的应根据需要举办各类环境保护专业班和短期培训班，为交通环境保护培养人才。这一前瞻性的举措，就是为了长远地解决公路建设带来的环境问题。

"安全、环保、舒适、和谐"是公路环境保护设计的指导思想。因此，在公路设计时要树立保护优先、预防为主，不破坏就是最大的保护等环保观念，在工程设计开始阶段即从主观上考虑环境保护问题，通过设计上的努力，避免引起环境破坏和污染，达到最小程度地破坏、最大限度地恢复和保护环境的目的。

公路建设项目产生的环境问题，在公路开始施工的前一阶段比较突出。只有在施工阶段将应该落实的各类环境保护措施落实到位，到公路建成投入运营后所产生的环境问题，才能得到有效的控制。道路与桥梁工程技术专业培养的人才主要面向在生产第一线从事道桥施工、养护等工作的高素质、高技能型人才，所以要求学生具备较强的环境保护意识，懂得在公路设计和施工阶段如何进行环境保护，在建设过程中应严格遵守环境影响评价制度，确保建设项目对环境的影响降低到最小程度。

本教材在编写过程中，力求符合"路桥专业高职教材编审原则"之规定，体现高职教材特色，以实例为引导介绍在道桥设计、施工和养护等过程中的环境保护内容，体现"预防为主、环保优先、防治结合、综合治理"的原则，实施各阶段的环境保护工作。本教材理论难度适宜，把技术应用训练作为核心，满足了培养高素质高技能型人才的要求。

本教材由吉林交通职业技术学院李晓红、齐丽云担任主编，南京交通职业技术学院余雪娟和山东公路技师学院武春山担任副主编，吉林交通职业技术学院周秀民担任主审。为了保证编写的质量,编审人员共同对本书的知识结构进行了磋商。具体编写情况如下:模块一学习单元一,模块二学习单元一由李晓红编写;模块一学习单元三、四由齐丽云编写;模块一学习单元二由余雪娟和武春山编写;模块一学习单元五、七由吉林交通职业技术学院李默编写;模块二学习单元二、三、四由吉林交通职业技术学院杨晓艳编写;模块一学习单元六分别由吉林交通职业技术学院田瑞、裴东梅和范庆华编写。在编写过程中参考了相关的论著和资料(包括网络资源),同时得到了人民交通出版社有关人员的指导和帮助,在此一并表示衷心的感谢!

鉴于时间紧、任务重,加上我们的编写水平及能力所限,书中错误和不足在所难免,殷切期望读者批评指正。

编　者
2012 年 12 月

目 录

模块一 公路环境问题治理

学习单元一 认识公路交通环境问题 ································· 2
  一、公路交通环境 ··· 2
  二、公路交通环境保护 ··· 6

学习单元二 认识公路环境要素 ····································· 9
  一、生态环境 ·· 10
  二、水环境 ·· 12
  三、大气环境 ·· 13
  四、声环境 ·· 14

学习单元三 公路生态环境保护 ····································· 16
  一、生物多样性保护 ··· 18
  二、地质环境保护 ··· 22

学习单元四 公路水土保持 ·· 28
  一、公路建设水土流失的危害 ··································· 29
  二、公路土壤侵蚀的类型 ······································· 30
  三、公路建设项目的水土保持 ··································· 31
  四、公路建设的水土保持方案 ··································· 32
  五、公路工程中常用的水土保持措施 ······························ 33

学习单元五 公路环境污染防治 ····································· 40
  一、声环境污染防治 ··· 41
  二、环境空气污染防治 ··· 50
  三、水环境污染防治 ··· 54

学习单元六 公路社会环境保护 ····································· 61
  一、拆迁与安置 ·· 62
  二、出行与安全 ·· 62
  三、基础设施 ·· 62
  四、土地利用 ·· 62
  五、景观环境 ·· 64

学习单元七 公路环境监理 ·· 65
  一、环境监理 ·· 65

二、环境监理要点 ··· 66
　　三、施工环境监理工作制度 ·· 73
　　四、环境保护监理用表及案例 ·· 74

模块二　公路设计阶段的环境保护

学习单元一　公路环境影响评价 ··· 78
　　一、环境评价 ·· 78
　　二、公路建设项目环境影响评价 ·· 83
　　三、环境影响报告书 ··· 89
学习单元二　公路环境保护总体设计 ·· 93
　　一、公路环境保护总体设计 ··· 94
　　二、公路环境保护设计要点 ··· 97
　　三、公路环境保护设计内容 ·· 101
学习单元三　公路景观设计 ··· 102
　　一、公路景观设计内容及要求 ··· 103
　　二、公路景观营造的方法 ·· 112
　　三、公路景观保护措施 ··· 113
学习单元四　公路绿化设计 ··· 115
　　一、公路绿化设计要求 ··· 115
　　二、公路景观绿化设计内容 ·· 117
　　三、公路路基绿化 ·· 120
　　四、公路景观绿化设计程序及文件的编制 ······································ 126
附录　常用环境保护监理用表 ·· 129
参考文献 ··· 141

模块一

公路环境问题治理

环境保护是我国的一项基本国策。随着我国国民经济的蓬勃发展,公路建设步伐愈来愈大。近年来,我国公路总里程不断增长,汽车保有量持续增加,公路在国民经济综合运输体系中的位置愈来愈重要。伴随着公路建设的高速发展,公路对周边环境的影响等问题也大量凸显出来。

如何面对公路建设产生的环境问题,如何按照现阶段我国实际情况,分析评价公路建设各阶段对环境的作用与影响,采取何种措施减少或杜绝公路环境污染、恢复路域生态损失。这是摆在我们广大公路建设者面前的一项长期而艰巨的任务。

 思考

1. 你认为公路交通环境应如何定义?公路工程的主要环境问题有哪些?
2. 请列举公路的主要环境要素。
3. 请分析公路环境保护工作还应作何调整和完善?

学习单元一

认识公路交通环境问题

随着我国公路交通事业的突飞猛进,机动车保有量的日益增加,路网密度的增大,致使公路交通所产生的不良现象(如水土流失、噪声、废气、振动等)相应增加,直接或间接地破坏了环境的生态平衡,危及人们的生理、心理健康,成为一个需要高度重视的问题。

在公路发展与环境保护方面,我国起步较晚,交通部1997年才试行《公路建设项目环境影响评价规范》,因此,无论是公路环境保护制度建设,还是实际操作;无论是公路环境保护科技的创新和运用,还是环境保护投资力度、生态意识的确立,都需要进行研究和探索,应尽快形成比较规范、完善和科学的公路环境保护体系,保护生态自然环境和社会环境,以实现公路交通的可持续发展。

一、公路交通环境

(一)环境

1. 环境定义

环境是相对某一事物而言的,不同的中心事物,其环境的内涵有所不同。我们现在研究环境的中心事物是人类,因此,所指环境就是可以直接和间接影响人类生存、生活和发展的空间以及各种自然因素和社会因素的总和。

《中华人民共和国环境保护法》中规定:环境是指影响人类生存和发展的各种天然的和经过人工改造的自然因素的总体,包括大气、水、海洋、矿藏、森林、草原、野生动物、自然遗迹、人文遗迹、自然保护区、风景名胜区、城市和乡村等。当然这个范围未能包括环境的所有内容,只是列举了与人类关系最为密切的因素,故由法律条文规定为必须保护的"环境"。随着人类社会的发展,环境概念也在发展,因此,我们应该用发展辩证的眼光来认识我们的环境。

2. 环境的分类

人类生存环境相当复杂,不同的研究角度就有不同的分类。

(1)依据环境构成要素的不同进行分类

环境包括社会环境和自然环境两部分。《联合国人类环境宣言》最先采用了环境的这种分类法,我国的《中华人民共和国环境保护法》也采用了这一分类方法。自然环境是社会环境的基础,而社会环境又是自然环境的发展。

①自然环境,它是指可以直接和间接地影响人类生存和发展的一切自然形成的物质和能量的总体。它是人类赖以生存和发展的必要物质条件,如大气、水、植物、动物、土壤、岩石

矿物、太阳辐射等。

②社会环境，它是人类在利用和改造自然环境中创造出来的人工环境和人类在生活和生产活动中所形成的人与人之间关系的总体，包括经济、政治、文化、道德、意识、风俗以及人类建造的各种建筑物、构造物、其他形态和作用的人工物品等。

(2) 依据环境显现功能的不同进行分类

环境分为生活环境和生态环境两部分。我国《中华人民共和国宪法》采用了这种分类方法。《中华人民共和国宪法》第 26 条第 1 款规定："国家保护和改善生活环境和生态环境，防治污染和其他公害。"

①生活环境，它是指与人类生活密切相关的各种天然的和经过人工改造过的自然因素，如房屋周围的空气、河流、水塘、花草、树木、风景名胜、城镇、乡村等。

②生态环境，它是指影响生态系统发展的各种生态因素，即环境条件。它包括气候条件、土壤条件、生物条件、地理条件和人为条件的综合体。

上述各种分类都是相对的，它们之间均存在相互交叉之处，不应加以绝对化。

(二) 环境问题

1. 环境问题的定义

环境问题，就其范围大小而论，可从广义和狭义两个方面理解。从广义理解的环境问题是指由自然力或人力引起生态平衡破坏，最后直接或间接影响人类的生存和发展的一切客观存在的问题。从狭义上理解的环境问题是指由于人类活动作用于人们周围的环境所引起的环境质量变化，以及这种变化反过来对人类的生产、生活和健康的影响问题，见图 1-1-1 所示为人类社会与环境的关系。

图 1-1-1　人类社会与环境的关系

2. 环境问题的分类

(1) 按环境问题产生的原因进行分类

首先是原生环境问题，是由自然界自身变化所引发的"天灾"，如地震、台风等，又称为第一类环境问题。这类环境问题多表现为自然灾害，具有人类目前不可避免，对其抵抗力很弱的特点。

其次是次生环境问题，是由人类的活动所引发的"人祸"，如臭氧层空洞、酸雨、全球气候变暖等，又称为第二类环境问题，见图 1-1-2。环境科学和环境法学主要研究这类环境问题。

图 1-1-2　环境问题变化

次生环境问题又分为以下三类：

①不合理地开发利用自然资源，超出环境承受能力，使生态环境恶化或自然资源趋向枯竭；大面积的生态破坏，造成生物多样性锐减、森林面积缩小、土壤退化及荒漠化，比如沙尘暴等。

②人口激增、城市化和工农业高速发展引起的环境污染和环境破坏,如突发性的严重污染事件、化学品污染等。这类环境问题具有污染物一经排放后,不会马上消失,存在时间较长的特点。比如2005年11月13日吉林石化发生的爆炸事件,导致100t左右的强致癌物质苯、硝基苯流入松花江,受污染的流域包括黑龙江省境内的松花江约700km。

③全球性、广域性的环境污染,如全球性的气候变暖、臭氧层耗竭、大面积的酸雨污染、淡水资源枯竭及污染等。这类环境问题一般影响范围广,持续时间长,伤亡人数较大。人们从来没有像今天这样感受到环境问题与自己的生活联系得如此紧密,以至于任何重大突发环境事件都会直接或间接影响到自身;环境问题从来没有像今天这样严峻,以至于维系生存的基本条件水、空气、土壤、食物等,时常发出受到严重威胁的警报。

(2)按环境问题造成的危害后果进行分类

环境问题分为环境污染和环境破坏。环境污染是指由于人们在生产建设或者其他活动中产生的废气、废水、废渣、粉尘、恶臭气体、放射性物质以及噪声、振动、电磁波辐射等对环境的污染和危害,使环境恶化,影响了人体健康、生命安全,或者影响了其他生命的生存和发展以至生态系统不能良性循环的现象。环境破坏是指人类不合理地开发利用自然资源,过量向环境索取物质和能量,使得自然环境恢复和增殖能力受到破坏。如盲目开垦荒地、围湖造田、滥伐森林、过度放牧等,结果导致水土流失、森林覆盖率急剧下降、草原退化、土壤沙化、水源枯竭、气候异常、物种灭绝等。环境污染和环境破坏互相联系、互相作用,都是人类不合理开发利用环境的结果,严重的环境污染可以导致生物死亡,从而破坏生态平衡,使自然环境遭受破坏;环境的破坏则降低了环境的自净能力,加剧了污染的程度。

3. 环境问题的发生和发展

其实环境问题自古有之,它是随着人类社会和经济的发展而发展的,并且在不同时期的性质、表现形式和对人类及其他生物的影响也不同。环境问题的发展主要分为三个阶段,见表1-1-1。

环境问题发展阶段　　　　　　　　表1-1-1

环境问题发展阶段	主要原因	表现特征	事件
人类诞生到第一次工业革命之前	人口的自然增长和盲目的滥用资源而引起的饥荒问题	早期生态破坏	生态环境的破坏
18世纪到20世纪80年代(1784－1984)	工业兴起,人口猛增,都市化迅速加快等因素	第一次环境问题高峰	八大公害事件
20世纪80年代后至今	环境污染面积不断加剧,大范围的生态环境不断遭到破坏	第二次环境问题高峰	印度博帕尔农药泄漏事件、前苏联切尔诺贝利核污染事故等

我国是世界上人口最多的国家,也是世界上排放污染物最多的国家之一。我国的环境问题比较突出,主要表现在水资源短缺且污染严重、城市大气煤烟型污染、生态破坏和资源枯竭严重、城市噪声、固体废弃物污染等方面。

(三)公路交通环境问题

1. 公路交通环境

公路交通环境是与公路交通活动相关的影响人类生存和发展的各种天然的和经过人工

改造的环境要素的总和。公路环境要素包括社会环境要素、生态环境要素、环境污染要素等。

2. 公路环境问题

公路环境问题主要包括自然环境问题和社会环境问题两个方面。自然环境问题包括公路环境污染和公路生态环境破坏两个方面。

(1) 自然环境的影响

①公路环境污染。

公路环境污染是指与公路交通相关的人类活动向环境排放的某种物质或能量,使环境恶化的现象。公路环境污染主要表现为:汽车尾气中的 CO、NO_2 等有害气体对大气的污染,是城市大气污染的主要来源;交通噪声对声环境的污染,是人类所接受到的最大噪声源;公路沿线服务设施的固体垃圾、污水及路面径流对地表水环境及土壤环境的污染等。

②公路生态环境破坏。

公路生态环境破坏是指与公路相关的人类活动使自然遭受损失。公路建设对生态环境的破坏包括:选线不当破坏了沿线生态环境;防护不当造成公路沿线水土流失,如坡面侵蚀、坍塌(图1-1-3)、泥沙沉淀等;公路带状延伸破坏了路域自然风貌,造成环境损失等。

图1-1-3 坡面坍塌案例

(2) 社会环境的影响

公路交通对社会环境的影响比如房屋拆迁,阻断道路两侧联系,给沿线农民农作时造成不便,占用农民土地,改变公路沿线部分人群生活方式等。

除此之外,还有公路建设对景观、美学的影响。公路建设占用土地,破坏植被,可能影响原始景观,给公路通过区景观资源、视觉环境造成很大的影响。目前,我国公路建设的景观问题较为普遍,有的还比较突出。表1-1-2所示为公路建设产生的环境问题及影响的工程环节。

3. 交通与可持续发展

1987年,世界环境与发展委员会的研究报告《我们的共同未来》中提出:可持续发展应是既满足当代人的需求,又不对损害后代人满足其需求的能力。这一定义在1992年的联合国环境与发展大会上达成了共识,体现公平性、持续性、共同性原则。

可持续的交通应该满足环境的可持续性、经济的可持续性、社会的可持续性、治理的可持续性。环境的可持续性是指一定要把环境的内在因素外在化,在发展交通的同时,克服发展中可能产生的环境问题;经济的可持续性,要强调在稳步发展中追求效率,各种交通方式的社会成本,由自身的运营来支付,各种交通方式要靠自身的增强、自身的增长能力来维持这种交通体系,而不是靠单纯的政策来支持一种运营,交通基础设施的使用要有明确的价格标志,这样才能体现交通本身的可持续性,亦即其自身的持续竞争力;社会的可持续性,主要是指公平性,一个可持续交通体系,应当充分考虑低收入者的可以使用等,以免产生社会问题;治理的可持续方面,主要指政府的政策保证。

公路建设产生的环境问题及影响的工程环节　　　　表 1-1-2

影响环境要素			可能产生的环境影响问题	影响的主要工程环节
社会环境			房屋拆迁;阻断道路两侧联系;给沿线农民农作时造成不便;占用农民土地;改变公路沿线部分人群生活方式;公路穿越、阻断或损害现有交通、分割土地和资源等	规划设计期、施工期
			影响自然景观的协调性	运营期
自然环境	生态		破坏植被;加剧水土流失;加剧地质灾害;对生物多样性和原生态系统造成影响等	施工期、运营期
	环境污染	噪声	机械、车辆、爆破或其他	施工期、运营期
		空气质量	土石方工程、汽车扬尘、沥青烟、车辆尾气等对沿线人群、动植物等的污染影响	施工期、运营期
		水质影响	生活污水排放;生活垃圾乱放;泥沙、废渣、废水、废油排放;淤积泥沙;沥青、油料、化学品侵蚀等,造成河流的水质下降	施工期、运营期

二、公路交通环境保护

(一)环境保护

环境保护是指人类有意识地保护自然资源并使其得到合理的利用,防止自然环境受到污染和破坏;对受到污染和破坏的环境必须做好综合治理,以创造出适合人类生活、工作的环境。

环境保护作为可持续发展的一项重要内容,是我国的一项基本国策。我国的公路工程历来十分重视对自然环境的保护,公路环境保护就是基于生态可持续发展原则,调节与控制"公路工程与路域环境"对立统一关系的发生与发展。

公路环境保护应执行国家环境保护法规及有关规范,按照"以防为主、防治结合"的基本原则,严格执行环境影响评价制度和"三同时"制度,充分体现环境治理的综合性,技术、经济的合理性,并时时加强环境管理等基本要求开展工作。

(二)公路环境保护工作内容

公路工程线长、面广,在施工期与运营期对沿线社会环境、生态环境、声环境、环境空气、水环境以及水土保持等都会产生不同程度的负面影响,故公路作为主体工程应从设计期开始就不可忽视对环境的影响,妥善处理主体工程与环境保护之间的关系,尽可能从路线方案、技术指标的运用上合理取舍,而不过多地依赖环境保护设施来弥补。

公路项目的环境保护工作,可以分为公路规划设计期、施工期和运营期环境保护工作。公路环境保护工作项目见表 1-1-3。

公路环境保护工作项目　　　　　　　　表1-1-3

建设时期	建设阶段	公路环境保护工作项目及主要内容
规划设计期	规划阶段	环境规划,规划环评
	可行性研究阶段	环境影响评价,提交项目环境影响报告书(表)
	设计阶段	环境保护设计;水土保持;绿化设计;景观设计
	招(投)标阶段	在招标文件、工程合同及监理合同中纳入环境保护条款
施工期	施工准备阶段	拆迁安置、场地平整、取弃土场确定
	施工阶段	环境保护设施的施工,环境保护监理监测
	竣工验收阶段	环境保护设施验收
运营期	运营阶段	环境后评价;环境保护设施运行维护;处理环境保护投诉

1. 公路设计期的环境保护工作

公路项目设计期的环境保护工作主要有项目建议书、可行性研究及项目设计等。如果这时期不采取措施,在后续工作中对环境产生的影响将不可弥补。因此,这个阶段必须通过环境影响评价和环境保护设计来完成环境保护工作。

(1) 环境影响评价

公路环境影响评价的目的为:通过对公路建设项目活动可能带来的各种环境影响进行定性定量分析,预测并评价其未来影响范围和程度,为合理选线提供依据;通过损益分析,提出可行的环境保护措施并反馈于设计,以减轻和补偿公路建设项目活动所带来的不利影响;为公路建设项目的生产管理和环境管理提供依据,为路域地区经济发展规划、环境保护规划制定提供依据,为决策者提供协调环境与发展关系的科学依据。按国家的有关规定,建设单位应当在建设项目可行性研究阶段报批建设项目环境影响报告书、环境影响报告表或者环境影响登记表,但是,铁路、交通等建设项目,经有审批权的环境保护行政主管部门同意,可以在初步设计完成前报批环境影响报告书或者环境影响报告表。这样做,可以提高环境敏感点的预测评价精度,提高环境保护措施的可行性,从而进一步提高环境影响评价工作的有效性,便于落实环境保护"三同时"制度。

"三同时"制度与环境影响评价制度相辅相成,是防止新的污染和破坏的两大"法宝",是预防为主方针的具体化、制度化。

(2) 环境保护设计

《公路环境保护设计规范》(JTG B04—2010)中规定,公路工程项目的各个阶段均应重视环境保护设计。在可行性研究阶段,应进行环境影响分析评价;在初步设计阶段,应落实环境影响评价文件提出的环境保护措施和水土保持方案;在施工图设计阶段,应根据初步设计审定意见做出环境保护工程设计。

公路项目的环境保护设计贯穿于项目各个设计阶段和主体工程设计的各个组成部分。从公路的路线设计、路基设计、路面设计、桥涵设计、沿线设施设计都与环境保护或水土保持紧密的联系。要搞好公路的环境保护工作,应执行国家和行业主管部门颁发的相关法规和规范。环境保护设计方案与公路沿线农业生产、城镇分布、自然及人文景观、社会经济发展水平等环境特征相关,还与地形、地貌、公路等级、工程投资规模等建设条件相关。环境保护方案设计应综合分析上述因素,在主体工程设计的同时做出切合实际的安排,在保证总体设计的同时兼顾专项设计。

2. 公路施工期的环境保护工作

公路施工期的环境保护工作主要包括拆迁安置、场地整平、取弃土场确定、环境保护设施的施工、环境保护监理监测及环境保护设施验收等。

在公路施工过程中实行环境保护监理,是公路全过程环境保护管理不可缺少的主要环节,也完全符合国家关于环境保护"三同时"的制度。

公路施工期的环境保护监理,实质就是施工活动过程中的环境管理工作。要实施环境保护监理,必须与整个项目的施工组织管理紧密结合。要以项目的环境影响报告书、环境保护行动计划及相关的环境保护及资源保护的法律法规为依据,强化工程管理人员、监理工程师、承包人和施工人员的环境保护意识,使环境保护管理工作制度化、规范化、合理化。

公路施工期环境保护除水土保持外,涉及环境污染的项目较多,一般包括空气污染、噪声污染、污水及固体废弃物污染等。

公路建设项目完工后,在进行公路工程竣工验收前,业主应向批准项目环境影响报告书的环境主管部门申请进行环境保护设施专项验收。验收内容主要是核查环境影响报告书提出的环境保护措施的落实情况以及环境保护设施的完成和运行情况等。环境保护设施验收是一种行政验收,有关主管部门必须明确做出"通过验收"、"限期验收"或"不通过验收"的验收意见,验收不合格的项目不能投入使用。

3. 公路运营期的环境保护工作

公路在运营期对环境的影响主要有:路基可能发生的崩塌、水毁,危险品运输可能发生的泄漏,汽车运营产生的汽车尾气和噪声污染,公路附属服务设施产生的固体废弃物及污水等。因此,运营期的环境保护工作,除继续落实项目环境保护计划和环境监测计划外,还应做好环境保护设施的维护,并根据环境监测结果和沿线居民的环境投诉,适时调整环境保护措施的实施方案。

(三)交通环境保护的发展

我国交通环境保护工作始于1973年,是我国最早开展环境保护工作的行业之一。经过30多年的发展,我国的交通环境保护事业取得了很大成就。尤其是近几年来,公路基础设施建设飞速发展,公路建设、运营中产生的环境问题逐渐成为交通环境保护工作的重点。根据"谁破坏、谁治理"的原则,各级公路交通建设、运营部门投入了大量的建设资金来预防和改善公路建设和运营引起的生态破坏、水土流失、噪声污染等环境问题,为我国的环境保护工作奠定了坚实的基础。但是,由于种种原因,公路环境保护标准化工作起步较晚,同公路建设发展速度严重不匹配,急需制定大量的标准、规范来规范公路工程建设、运营活动以及公路环境保护工作的各个方面,以实现公路建设与环境保护的可持续发展。

我国的公路环境保护标准化工作起步于1996年,其标志为《公路建设项目环境影响评价规范(试行)》(JTJ 005—96)的发布与实施,之后又进行不断完善,新的《公路建设项目环境影响评价规范》(JTG B03—2006)于2006年5月1日开始实施。该规范的发布、实施和完善,确立了公路建设项目环境影响评价制度和方法,为预防公路建设、运营过程中产生的大气、噪声、水污染以及生态系统破坏等环境问题,恢复被破坏的生态系统发挥了重要作用。

公路交通行业制定的第二个环境保护标准是《公路环境保护设计规范》(JTJ/T 006—98),之后又进行不断完善,新的《公路环境保护设计规范》(JTG B04—2010)于2010年7月1日起开始实施。该规范的发布、实施,确立了公路环境保护设计标准,对于规范公路设计过程,将公路建设与运营中的环境问题在设计阶段就加以考虑与预防,确保了公路环境工程的顺利实施,为我国公路交通领域确立了"环境保护设施与主体工程同时设计、同时施工、同时投产使用"的"三同时"制度。

近些年来,交通运输部加快了公路环境保护标准的完善与制定步伐,先后下达了《公路绿化规范》、《公路声屏障设计与施工技术规范》、《公路环境工程定额》、《公路交通噪声限值标准》、《公路建设项目水土保持方案技术规范》等标准的制定计划任务书。同时,许多公路工程技术标准的修订工作中也将环境保护工程作为一个重要的部分纳入了修订内容。但是,令人遗憾的是,由于种种原因,公路环境保护标准未能很好地展开,重要的原因就是缺乏开展工作的法律依据,国家也充分认识到这一点,《中华人民共和国环境影响评价法》(下文简称《环评法》)已于 2002 年 10 月 28 日经全国人大常委会第 30 次会议通过并发布,自 2003 年 9 月 1 日起施行。《环评法》是我国环境保护管理中的又一部重要法律,是环境保护行政主管部门参与综合决策和对建设项目实施环境保护监督管理的执法依据。《环评法》的颁布,标志着环境影响评价制度和"三同时"管理制度的执行进入了一个新的阶段,必将对我国的国民经济和社会健康发展,对可持续发展战略决策的全面实施,发挥非常重要的作用。这部法律力求从决策的源头防止环境污染和生态破坏,从项目环境评价进入到战略环境评价。为了提高从业人员的环境保护意识,2002 年交通部又开展了工程环境监理的试点,并于 2004 年在全行业广泛开展工程环境监理工作,交通行业规划环境评价工作也在 2003 年开始起步。

学习单元二

认识公路环境要素

环境要素也称环境基质,是构成人类环境整体的各个独立的、性质不同的而又服从整体演化规律的基本物质组分。它分为自然环境要素和社会环境要素。

自然环境是指可以直接和间接地影响人类生存和发展的一切自然形成的物质和能量的总体。它是人类赖以生存和发展的物质基础。自然环境的分类比较多,按照其主要的环境组成要素,可分为大气环境、水环境、声环境等。

社会环境是人类在利用和改造自然环境中创造出来的人工环境和人类在生活和生产活动中所形成的人与人之间关系的总体,包括经济、政治、文化、道德、意识、风俗以及人类建造的各种建筑物、构筑物、其他形态和作用的人工物品等要素。

自然环境要素和社会环境要素是人类生存的必要条件,也是人类与自然协调发展的精神和物质基础。在这里主要介绍的是自然环境要素。

公路建设项目涉及的环境按自然环境要素通常划分为生态环境、水环境、大气环境、声环境等。

一、生态环境

生态环境是指影响生态发展的环境条件的总体。主要或完全由自然因素形成,并间接地、潜在地、长远地对人类的生存和发展产生影响。生态环境的破坏,最终会导致人类生活环境的恶化。在生态环境中造成的影响主要包括水土保持、地质灾害和生物及其栖息环境的影响。

生态环境与自然环境是两个在含义上十分相近的概念,有时人们将其混用,但严格说来,生态环境并不等同于自然环境。自然环境的外延比较广,各种天然因素的总体都可以说是自然环境,但只有具备一定生态关系构成的系统和整体才能称为生态环境。

(一)生态系统

1. 生态系统的概念

生态系统(ecosystem)是英国生态学家坦斯利(Tansley)于1935年首先提出来的,是自然界最基本的功能单元,是指一定地域(或空间)内生存的所有生物和环境相互作用的、具有能量交换、物质循环代谢和信息传递功能的统一体。生态系统有大有小,小到自然界的一滴水,大到地球上最大的生态系统生物圈。任何一个系统都可以和周围环境组成一个更大的系统,成为高一级系统的组成部分,例如水池生态系统,里面有各种鱼类、微生物、阳光、空气等各种环境条件,它们之间相互作用,就构成了一个完整的生态系统,但是又属于水生生态系统。

每一种生物为了生存和繁衍,都要从周围的环境中吸取空气、水分、阳光、热量和营养物质;生物生长、繁育和活动过程中又不断向周围的环境释放和排泄各种物质,死亡后的残体也复归环境。在这些生物之间,存在着吃与被吃的关系。"大鱼吃小鱼、小鱼吃虾米"这句俗语就体现了这样一种简单的关系,例如,绿色植物利用微生物活动从土壤中释放出来的氮、磷、钾等营养元素,食草动物以绿色植物为食物,肉食性动物又以食草动物为食物,各种动植物的残体则既是昆虫等小动物的食物,又是微生物的营养来源。微生物活动的结果又释放出植物生长所需要的营养物质。经过长期的自然演化,每个区域的生物和环境之间、生物与生物之间,都形成了一种相对稳定的结构,具有相应的功能,这就是人们常说的生态系统。

2. 生态系统的组成

生态系统的组成见图1-2-1,主要包括生物成分和非生物成分。生物成分包括生产者、消费者、分解者;非生物成分包括阳光、温度、空气、水分、矿物质等。它们是生物系统的物质和能量来源。

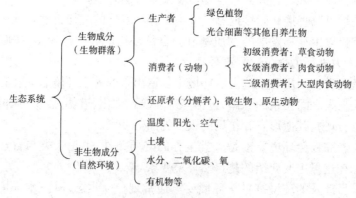

图1-2-1 生态系统的组成

3. 生态系统的类型

生态系统的类型多种多样。根据不同的性质和依据,生态系统分为不同的类型。例如:按照水陆状态,生态系统可以分为陆地生态系统和水生生态系统。根据人为干预程度,生态系统可以分为人工生态系统和自然生态系统。总之,按照不同的性质和依据,就有不同的分类。但是,任何一个生态系统,不管范围大或小,系统简单还是复杂,都具有一定的结构和功能。

生态系统的结构是指生态系统各个组成成分及其营养方式和生物种类、数量在时间、空间上的配置。通常分为形态结构和营养结构。

4. 生态系统的功能

生态系统的功能主要表现在生态系统具有一定的能量流动、物质循环和信息传递。生态系统中各个生物之间通过食物链(网)和营养级来实现这些功能。

(1) 食物链(网)

在生态系统中,各种生物之间由于食物关系而形成的一种连锁式的联系称为食物链。食物链上的各个环节称为营养级。生产者为第一营养级,一级消费者为第二营养级,依次为第三、第四营养级。

在一个生态系统中,因为一种植物可能被几种动物所食,一种动物也可以被多种食肉动物所食,生物种类越复杂,个体数量就越庞大,其中的食物链就越多,彼此之间联系与交错就形成了网络。在生态系统中,这种由许多食物链彼此相互交错连接成复杂的营养关系,称为食物网。食物链和食物网是生态系统的营养结构,生态系统的物质和能量就是顺着这种渠道流动的。一般而言,食物网越复杂,生态系统抵抗外力干扰的能力就越强,反之亦然。

(2) 物质循环和能量流动

物质循环和能量流动是生态系统的主要功能,二者是同时进行的,彼此相互依存,不可分割,见图1-2-2。生态系统中的物质都是由地球提供的,地球上所有的生态系统所需要的能量都来自太阳。能量的固定、储存、转移和释放,离不开物质的合成和分解等过程。物质作为能量的载体,

图1-2-2 物质循环示意图

使能量沿着食物链(网)流动;能量作为动力,使物质能够不断地在生物群落和无机环境之间循环往返。生态系统中的各种组成成分,正是通过能量流动和物质循环,才能够紧密地联系在一起,形成一个统一的整体。

(二) 生态平衡与破坏

在自然界中,任何一个生态系统都是由动物、植物、微生物等生物成分和阳光、水分、土壤、空气、温度等非生物成分所组成。每一个成分并非都是孤立存在的,而是相互联系、相互制约的统一综合体。它们之间通过相互作用达到一个相对稳定的平衡状态,称为生态平衡。如果其中某一成分过于剧烈地发生改变,都可能出现一系列的连锁反应,生态系统通过自身调节能力可以使生态恢复平衡,例如:在森林生态系统中,植食性昆虫多了,林木会受到危害,但这是暂时的,由于昆虫的增多,鸟类因食物丰富而增多,这样一来,昆虫的数量就会受到鸟的抑制,林木的生长就会恢复正常,生态又恢复平衡,所以生态平衡是一种动态平衡。但是,如果外来的干扰超过系统自身恢复能力这个限度时,生态平衡就会遭到破坏,食物链

图1-2-3　生态破坏

断裂,生物不断减少,系统内的循环和流动中断,最终导致生态系统的崩溃。

破坏生态平衡的因素包括自然因素和人为因素。自然因素主要是指自然界发生的异常变化如火山爆发、水灾、旱灾等。人为因素是指人类对自然的不合理利用以及由于工农业的发展而带来的环境污染等,它会加剧自然因素,如物种的改变、环境因素的改变、信息交流系统的破坏等都会引起生态平衡的破坏。图1-2-3所示为人为因素所造成的生态破坏。

二、水　环　境

水环境是自然环境的一个重要组成部分。它是指自然界各类水体在系统中所处的状况。水环境主要由地表水环境和地下水环境两部分组成。地表水环境包括河流、湖泊、水库、海洋、池塘、沼泽、冰川等;地下水环境包括泉水、浅层地下水、深层地下水等。水环境是人类社会赖以生存和发展的重要场所,也是受人类干扰和破坏最严重的领域。水环境的污染和破坏已成为当今世界主要的环境问题之一。

我国是一个严重干旱缺水的国家,人均和亩均水量少并且水资源在地区、时空上的分布极不均匀,经常造成南涝北旱。据监测,全国多数城市水污染日趋严重,地下水位持续下降,全国水资源开发利用在各地分布不均衡。因此,我国水环境现状不容乐观。

为了改变这些现状,中国政府投资4860亿,于2002年底启动"南水北调"工程,分别建设东、中、西三条水干渠,连接长江、淮河、黄河和海河四大水系,向北方注水,以期解决缺水问题。

1. 水质

自然界中的水通常不是纯净水,其中含有各种物理的、化学的和生物的成分。水体中所含的物质的种类及数量与水体受到的污染程度有很大关系,从而形成质量不同的水体。

水质即水的品质,是指水与其中所含杂质共同表现出来的物理学、化学和生物学的综合特性。水中所含的杂质,按其在水中的存在状态可分为悬浮物质、溶解物质和胶体物质(见图1-2-4)。悬浮物质是由大于水分子尺寸(水分子尺寸很小,约为10^{-8}cm的颗粒组成的,它们借浮力和黏滞力悬浮于水中,水中的悬浮物质是颗粒直径约在10^{-4}mm以上的颗粒),肉眼可见,这些微粒主要是由泥沙、黏土、原生动物、藻类、细菌、病毒以及高分子有机物等组成,常常悬浮在水流之中,水产生的混浊现象,也都是由此类物质造成。这些微粒很不稳定,可以通过沉淀和过滤而除去。溶解物质则由分子或离子组成,它们被水的分子结构所支撑。胶体物质则介于悬浮物质与溶解物质之间,水中的胶体物质是指直径在$10^{-4} \sim 10^{-6}$mm之

图1-2-4　按颗粒大小分类的水中杂质

间的微粒。胶体是许多分子和离子的集合物。天然水中的无机矿物质胶体主要是铁、铝和硅的化合物。水中的有机胶体物质主要是植物和动物的肢体腐烂和分解生成的腐殖物。其中以湖泊水中的腐殖质含量最多,因此常常使水呈黄色或褐色。

2. 水质指标与监测方法

根据水中杂质颗粒大小或颗粒多少来衡量水质,反映水的物理、化学、生物等特性是不够的,必须通过水质指标项目来说明。水质指标项目繁多,包括物理水质指标、化学水质指标、生物水质指标三类。

物理水质指标包括感官物理性状指标和其他物理指标。感官物理性状指标如温度、色度、浑浊度、透明度等;其他物理性状指标如总固体、悬浮固体、溶解固体、可沉固体、导电率等。

化学水质指标包括一般的化学性质水质指标、有毒的化学性水质指标、有关氧平衡的水质指标。一般的化学性质水质指标如pH值、碱度、各种阳离子、各种阴离子、总含盐量、一般有机物质含量等。有毒的化学性水质指标如重金属、氰化物、多环芳香烃、各种农药等。有关氧平衡的水质指标如溶解氧(DO)、化学需氧量(COD)、生物需氧量(BOD)、总有机碳(TOC)等。

生物水质指标如大肠菌数、细菌总数、各种病原细菌、病毒等。

在水质指标中,主要的水质指标及其监测方法见表1-2-1。

主要水质指标特征及其监测方法　　　　　表1-2-1

指标类型	定　义	监测方法	表征性质
pH值	表示溶液酸性或碱性程度的数值,即所含氢离子浓度的常用对数的负值	比色法或精密的pH试纸	天然水体的pH值一般在6~9之间,饮用水适宜的pH值应在6.5~8.5之间,生活污水一般呈弱碱性
悬浮固体	水中呈悬浮状态的固体	滤纸法或石棉坩埚法	悬浮物的化学性质十分复杂,可能是无机物,也可能是有机物,还可能是有毒物质
生化需氧量(BOD)	当温度为20℃,水体中可降解有机物经微生物氧化分解所需的溶解氧量,用mg/L表示	五日生化需氧量(BOD_5)	表示水中有机物含量多少的水质指标。生物需氧量高,表示水中有机污染质多,污染严重
化学需氧量(COD)	在一定条件下,氧化1L水样中还原性物质所消耗的氧化剂量,用mg/L表示	酸性高锰酸钾氧化法或重铬酸钾氧化法	生物需氧量高,表示水体污染严重
水中溶解氧(DO)	水体与大气平衡经化学、生化反应后溶解于水中的氧的含量	碘量法	溶解氧值越大,表示水质越好
总有机碳(TOC)	以碳的含量表示水体中有机物质的总量的综合指标	燃烧法	通常作为评价水体有机物污染程度的重要依据
细菌总数	指1mL水样在营养琼脂培养基中,于37℃经过24h培养后,所生长的细菌菌落的总数	—	它是判断饮用水、水源水、地表水等污染程度的标志

三、大　气　环　境

围绕在地球周围,有一层很厚的大气圈。近地卫星探测资料表明,大气上界约在高空2000~3000km处,总厚度为1000~1400km,总重量约为$6×10^{15}$t,相当于地球总重量的百万分之一。根据大气层上组成状况及大气垂直高度上的温度变化。自下而上可把大气分为对流层、平流层、中间层、热层和散逸层。图1-2-5所示为大气气温的垂直分布。

大气或空气实际上是多种气体和水蒸气组成的混合物,可分为恒定、可变、不定三种组成成分。

大气中含有的氮、氧、氩气分别占大气总体积的78.09%、20.95%、0.93%,仅此3种成分就占大气总体积的99.97%,加上微量的氖、氪、氙等稀有气体,就是空气中的恒定成分。可变成分是指大气中的二氧化碳和水蒸气,在通常情况下,二氧化碳含量为0.02%~0.04%,水蒸气含量为4%以下,这些组分在大气中的含量受季节、气象的变化及人类的生活和生产活动的影响会常常发生变化。

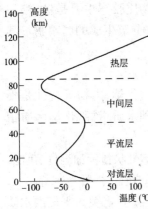

图1-2-5 气温的垂直分布

不定成分来自自然和人为两方面。自然因素是指自然界的火山爆发、森林火灾、海啸、地震等自然灾害形成的污染物,如尘埃、硫、硫化氢、氮氧化物、盐类及恶臭气体,可造成局部或暂时的污染;人为因素是指工业化、城市化、交通运输等人为活动排放的烟尘、废水、有毒和有害气体,二者构成大气中的不定成分。

四、声 环 境

(一)基本知识

1.声波

人们在长期实践中发现,声音是物质机械振动时,扰动临近弹性介质(气体、固体、液体)中的质点的往返运动。这种运动从一质点传到另一质点,交替形成密层和疏层而激起声波,声波传入人耳引起鼓膜振动,通过听小骨传入听神经产生听觉,如用锤敲鼓,你就会听见鼓声,振动发生的物体称为声源。

声波在弹性介质中的传播速度,也就是振动在该介质中的传递速度,称为声速,用 c 表示。声速的大小只取决于介质的弹性和密度,而与声源无关。在常温(20℃)下,1个大气压下,空气中的声速约为344m/s,水中的声速约为1450m/s,钢铁中的声速约为5000m/s,而在橡胶中的声速约为30~50m/s。

人并不是所有频率的声音都能听到,人耳能感觉到的声波频率大约在20~20000Hz。小于20Hz的叫次声波,高于20000Hz的叫超声波,人耳是听不到的。

2.声压、声压级、分贝

通常说的声压,就是有效声压,用 p 表示。正常人刚刚能听到的最微弱声音的声压是 2×10^{-5} Pa,称为人的听阈,就像人耳刚刚听到蚊子飞过的声音。使人耳产生疼痛感觉的声压,称为痛阈,就像飞机发动机噪声的声压为20Pa。

听阈和痛阈声压的绝对值相差100万倍。用声压的绝对值来表示声音的强弱是很不方便的。所以,一般用一个成倍关系的数量级来表示,就是声压与基准声压之比的对数,也就是声压级来表示声音的大小。

声压与基准声压之比的以10为底的对数乘以20即为声压级,单位为分贝(dB),即:

$$L_P = 20\lg\left(\frac{p}{p_0}\right) \qquad (1\text{-}2\text{-}1)$$

式中，L_P 为声压级；p 为声压，Pa；p_0 为基准声压，20 μPa，即为 2×10^{-5} Pa，相当于 1000Hz 的听阈声压。

分贝是形容音量大小的单位，0~10dB 正好是人耳听得到的范围，分贝值每上升 10，表示音量增加 10 倍，从 1~20dB 表示音量增加了 100 倍。如时钟滴答声约为 15dB，人低声耳语约为 30dB。

3. 等效声级

等效声级是指在规定时间内，某一连续稳态声的 A（计权）声压，具有与随时间变化的噪声相同的均方 A（计权）声压，则这一连续稳态声的声级就是此时变噪声的等效声级，单位为分贝（dB）。

等效声级是衡量人的噪声暴露量的一个重要物理量，许多国家的环境噪声标准也以等效声级为评价指标。

A 声级是声级计具有 A 计权特性时测得的计权声压级，单位为分贝，记作 dB。

4. 分贝相加和分贝的平均值

两个分贝值之和不等于两个分贝之简单相加，比如说一个 100dB 的声音和一个 98dB 的声音相加并不是等于 198，相加的方法有公式法和查表法。

（1）公式法

两个声压级 L_1、L_2 相加，求合成的声压级 L_{1+2}，可以按照数学方法进行计算后得到公式：

$$L_{1+2} = 10\lg(10^{\frac{L_1}{10}} + 10^{\frac{L_2}{10}}) \tag{1-2-2}$$

（2）查表法（表 1-2-2）

声压级与分贝值的换算　　　　　　　　　表 1-2-2

声压级之差 L_1-L_2(dB)	0	1	2	3	4	5	6	7	8	9
增值 $\triangle L$(dB)	3.0	2.5	2.1	1.8	1.5	1.2	1.0	0.8	0.6	0.5

比如说 100dB 和 98dB 的声音，算出声音得分贝差等于 2，查表找出 $\triangle L = 2.1$，然后加在分贝数大的数值上等于 102.1，取整数 102。

（二）我国噪声污染状况

通常 40dB 为正常的环境声音，但我们国家超过 75dB 的城市占一半以上，2/3 的人口是生活在高噪声的环境之中的，长此以往，对人们的身心健康非常不利。

（1）交通运输噪声（约占 30%）

交通运输工具如火车、汽车、摩托车、飞机、轮船等，在行驶时都会产生噪声。这些噪声声源流动性大，干扰范围大。近年来，随着城市机动车辆剧增，交通运输噪声已经成为城市的主要噪声源。

（2）工业生产噪声（占 8%~10%）

工业生产产生的噪声也很普遍，主要是各种机械和动力装置在运转过程中一部分能量被消耗后以声能的形式散发出来而形成噪声。工业噪声一般声级高，而且连续时间长，有的甚至常年运转、昼夜不停，对周围环境影响很大。如果工厂建在居民区附近，则影响居民的正常工作、学习和生活。当然受工业噪声危害最严重的还是那些操作机器的工人，他们基本上都有职业病，如纱厂、炼钢厂、歌舞厅的工人等。这类噪声很少控制在 65~55dB 之间。

（3）建筑施工噪声（约占 5%）

建筑工地常用的打桩机、推土机、挖掘机、平地机、压路机、摊铺机、搅拌机等会产生噪声，噪声常在80dB以上，扰乱邻近居民的正常生活。改革开放以来，我国的城市建设日新月异，大、中城市的建筑施工场地很多，因此建筑施工噪声的影响面很大。

（4）生活噪声（约占47%）

生活噪声是日常生活中经常碰到的，常见的有街道噪声、室内噪声等。人们如果长期生活在强噪声环境中，身体健康会受到严重的影响。

学习单元三

公路生态环境保护

【案例1-3-1】如图1-3-1所示某路线 A、B 两点间共有三个基本选线方案，Ⅰ方案需修两座桥梁和一座长隧洞，路线虽短，但隧洞施工困难，不经济；Ⅱ方案需修一座短隧洞，但西段为不良物理地质现象发育地区，整治困难，维修费用大，也不经济；Ⅲ方案为跨河走对岸线，需修两座桥梁，比修一座隧洞容易，但也不经济；Ⅳ方案将河湾过于弯曲地段取直，改移河道，取消西段两座桥梁而改用路堤通过，东段联结Ⅱ方案的沿河路线。此方案的路线虽稍长，但工程条件较好，维修费用少，施工方便，长远来看还是经济的。综合上述4个方案的优点，你能从环境保护角度提出较优的第Ⅴ方案吗？

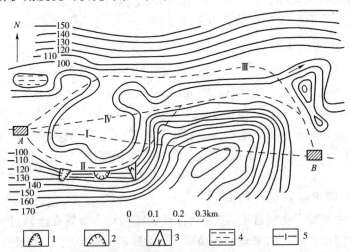

图1-3-1　工程地质选线实例略图

1-滑坡群；2-崩塌区；3-泥石流堆积区；4-沼泽带；5-路线方案Ⅰ、Ⅱ、Ⅲ、Ⅳ

【案例1-3-2】思小高速公路——它是中国目前唯一一条穿越热带雨林的高速公路（图1-3-2），全线有37.21km从小勐养自然保护区边缘次生林带穿过，其中18km穿过自然保护区的试验区,沿线的生态保护成了思小高速公路建设的重中之重。

从施工伊始,思小高速公路会不会割裂当地生态链,成为环境保护者们最关心的问题。美国佛罗里达州就有这方面的教训:当地大量兴建的高速公路切断了野生动物的迁徙路线,使各类野生动物大量减少,当地最负盛名的美洲狮仅有 80 余头,仅 2001 年的 3 个月间就在公路上被撞死 7 头。而这只是最直接的危害,生态研究表明,一条四车道公路对森林小哺乳动物的分隔作用相当于两倍于这个宽度的河流。一条公路对于动物来说就是一道难以逾越的屏障,甚至对分布于公路两侧的蝴蝶种群都会有隔离作用,严重干扰其基因交流等。

图 1-3-2　思小高速公路

【思考】请在网上查阅思小高速公路建设的资料,了解其在公路施工过程中对生物多样性保护所采用的工程对策。

生态环境保护的目的是为了维护人与自然和谐协调的关系,保持人们良好的生存环境;为了自然资源的恢复扩展,自然再生产永续进行,从而保障经济再生产的自然物质基础丰富、充裕、不致枯竭;满足人们对良好的自然景观、舒适的生态环境日益增长的需求。生态环境保护是一项非常复杂的系统工程,我国地域广袤,地区差异悬殊,把握不同地区生态环境特征,分析研究不同地区动、植物习性及生长演替规律,结合生态资源容量的动态规律,因地制宜地提出符合自然规律的生态环境保护原则是公路生态环境保护设计的关键问题。

公路建设对地区局部生态环境的影响往往是永久性的。工程永久性占地、取弃土场、砂石料场、施工便道、临时生活营地的设置等施工活动,可能在不同路段对森林、草地、湿地、荒漠等生态系统产生一定程度的破坏。公路施工和运营还会干扰沿线野生动物的正常活动,有可能对某些珍稀濒危动植物产生一定的伤害等。公路工程建设可能对生态环境产生的影响因素见表 1-3-1。

公路工程建设对生态环境影响因素分析　　　　表 1-3-1

施工活动项目	影 响 分 析
取土场	通过地表取土,破坏地表植被和土壤结构,改变地形地貌及自然景观,使区域植被覆盖率和生物多样性下降,自然景观破碎化。取土场在一定程度上加剧水土流失及风沙活动等生态问题。影响对象主要是地表植被、土壤结构、自然景观
砂石料场	通过采挖砂石,可改变地形地貌、自然景观及地表植被。受砂石材料条件限制,其场地选择多在河谷滩地或石质山地。影响对象主要是地表植被、地形地貌、自然景观
施工便道	通过运输机械碾压,破坏地表植被和土壤物理结构,可影响植物生长发育,直至植物枯死,导致生态系统结构和功能下降,并使生态景观受到影响,加剧水土流失及风沙活动等生态过程
桥涵工程	通过桥涵工程建设,可改变河道地形地貌、水文过程和地表植被,影响生态系统结构和功能。可在一定程度上加剧水土流失,影响对象主要是地表植被、地形地貌、自然景观、水文过程等,同时影响河流水质
生活营地	通过场地占用、机械碾压和人员活动等破坏地表植被和土壤物理结构,降低生态系统功能。其影响范围和程度与站场规模、人员数量以及时间长短有密切关系,同时产生生活垃圾等环境问题

生态环境的保护方案主要指植物防护或工程防护方案,如尽量减少对原有地表植被的破坏,减少工程的开挖面与覆盖面,设置绿化带,将地面径流引出或砌筑挡墙、排水沟、改路

堤为桥梁等,下面分别介绍生物多样性和地质环境保护对策。

一、生物多样性保护

(一)生物多样性

1. 生物多样性定义

生物多样性是指一定范围内多种多样活的有机体(动物、植物、微生物)有规律地结合所构成稳定的生态综合体。这种多样性包括生物遗传多样性、物种多样性、生态系统多样性3个层次。

基因是一种生物遗传信息的化学单元,具有可传递性。生物遗传多样性,是指某个种内个体的变异性。地球上几乎每一种生物都拥有独特的遗传组合,如人的DNA不同。当生物在未再生的情况下死亡时,就开始出现遗传多样性损失。

物种多样性,是指生物群落中物种的丰富性,也指地球上生命有机体的多样性。丰富性就是指群落中物种数量越多,多样性就越丰富,相反,数量少,生物多样性就很贫乏。

生态系统是各种生物与其周围环境所构成的自然综合体。生态系统的多样性,是指物种存在的生态复合体系的多样化和健康状态,即生态环境、生物群落和生态过程的多样化。由于生态系统多样性是物种和遗传多样性的基础,这一层次包含的信息量最多,其尺度又是人类最易观察和把握的,因而生态系统多样性的保护就成为生物多样性保护的主要着眼点和作用点。生物多样性保护的重点是保护生态系统的完整性和珍稀濒危物种免遭灭绝。

2. 生物多样性的价值

从生态学意义考虑,生物多样性是维护生态系统稳定性的基础性条件。从人类的生存与发展考虑,生物多样性是地球生命支持系统的核心,也是支持人类生存与发展的物质基础。从人类的生存和发展利益考虑,生物多样性存在如下4个方面的价值。

(1)直接价值:生物多样性的直接价值就是通常的生物资源价值。

(2)间接价值:生物改造环境的作用赋予生物多样性巨大的环境价值。生物多样性的环境价值所产生的实际效益要比它的直接经济价值大得多。比如有的生物可能没有直接的使用价值,但它具有间接的使用价值。这是因为生物多样性具有重要的生态功能。每一种生物在生态系统中都有一定的位置,各种不同的生物之间,都有相互依赖、相互制约的关系。在一个生态系统中,某一种生物数量减少,就会影响这个生态系统各种成分的稳定,这充分体现了生物的间接使用价值。

印度加尔各答农业大学德斯教授对一棵树的生态价值进行了计算,一棵50年树龄的树,可以产生氧气的价值约31200美元;吸收有毒气体、防止大气污染价值约62500美元;增加土壤肥力价值约31200美元;涵养水源价值37500元;为鸟类及其他动物提供繁衍场所价值31250美元;产生蛋白质价值2500美元;除去花、果实和木材价值,总计价值约196000美元。

(3)选择价值:也称潜在价值,选择价值是指生物多样性的未来价值或潜在价值。保护野生动植物资源,以尽可能多的基因,可以为农作物或家禽、家畜的育种提供更多的可供选择的机会。

(4)存在价值:生物多样性的存在价值,顾名思义是指那种既不利用、甚至也不打算光顾一下,仅仅让其存在而显示的价值。在地球各类生态系统中,任何组成成分都有其各自的存在价值,由此才构成生态系统的整体性。

我国国土辽阔,海域宽广,自然条件复杂多样,加之有较古老的地质历史(早在中生代末,大部分地区已抬升为陆地),孕育了极其丰富的植物、动物和微生物物种,及其繁复多彩的生态组合,是全球12个"巨大多样性国家"之一。

在自然条件下,由于自然界的优胜劣汰,有些物种在遗传的过程中就会灭绝。人为因素则主要表现在对生态环境的破坏和对物种的过度掠夺。

科学家们越来越多地认识到保护生物多样性的关键是保护生态系统。生态系统是不同物种生存的环境,每一物种都对整个生态系统的存亡起着至关重要的作用,实际上,也在地球全球生态系统中起着关键作用。如果在生态系统网中丢失了一个环节,整个网便会开始崩溃。

3. 生物多样性的保护方式

生物多样性的保护一般有三种方式,即就地保护、迁地保护和离体保护。

(1)就地保护主要是建立自然保护区和国家公园,是国际上保护生物多样性所采取的最重要的形式。

(2)迁地保护主要是通过建立动物园、野生动物繁育中心、植物园、植物繁育中心等,保护和繁育珍稀生物,然后放回大自然。

(3)离体保护主要是利用现代科技将生物体的一部分或繁殖细胞保存下来,以便保护和发展珍稀生物种群,有效地拯救濒危物种。

(二)公路建设对动植物的影响

1. 阻隔作用

阻隔效应亦称廊道效应。对地面的动物来讲,公路是一道天然屏障,起着分离与阻隔的作用。公路的建设使动物活动范围受到限制,甚至会截断有些动物的饮水路线,影响生物的生态环境,生存在其中的生物将变得脆弱,并有可能发生种内分化。因此,公路阻隔效应对生物的潜在影响是巨大的。

比如长城,它虽然不属于公路建设项目,但同样的分割作用是比较明显的。据报道,从2002年开始,长城两侧由于长期被城墙分割,两边生态系统的各个物种比例已经开始不同。

在公路建设竣工投入运营阶段,公路的廊道效应就显得十分突出。

2. 接近效应

公路交通使许多原先人类难以到达或难以进入的地区变得可达或易于进入,这对野生动植物构成巨大威胁,接近效应是公路的一种间接影响。

3. 生态环境的破坏

(1)公路建设过程中产生大量的水土流失,这些流失的土壤可能在下游的地表水体(如河流、湖泊)中沉积,沉积物将覆盖水生生物的产卵和繁殖场所。

(2)因公路建设而使河流改道或水文条件发生变化,使生物的生存环境变化,有可能导致一些生物的消失。

(3)公路施工和运营过程还会干扰沿线野生动物的正常活动,在公路施工中产生的大量弃渣也会对生长在其两侧的动植物的活动场所产生影响,这些有可能对某些珍稀濒危动植物产生一定的伤害。

4. 污染作用

公路交通排放的废弃物、交通噪声、振动和路面径流污染物等对动植物生存环境的污染,降低了动植物生存环境的质量,影响生态系统的稳定。

  5. 交通事故对野生动物的影响

  野生动物穿越公路时,因与快速行驶的车辆相撞引起伤亡。

  6. 对地表植物的直接破坏作用

  (1)公路工程永久性征用土地,使公路沿线的地表植被遭受损失或损坏。

  (2)施工期临时用地,包括施工便道、拌和场、施工营地和预制场等,因施工作业的影响,使得这些土地的地表植被遭受破坏。

  (3)取、弃土石方作业,使原有地表植被遭到破坏。

  (4)施工期由于筑路材料运输、机械碾压及施工人员践踏,在施工作业区周围土地的部分植物被破坏。

(三)公路设计阶段的生物多样性保护

  1. 防治地表植物被破坏的措施

  (1)在选线、定线时,局部路线方案比较时应考虑环境影响因素。由于公路等级的提高,特别是高速公路路幅较宽,平、纵线形标准较高,开挖路基土石方工程量较大,如果路线过于靠近山体,容易破坏山体稳定,造成山坡土石松动,地面、地下水系统紊乱,导致山体滑坡,水土流失,破坏农田、森林植被,使自然生态失衡。因此,通过不同方案的比选,作出对环境影响的评价,选择出经济效益和环境效益均较好的方案。

  (2)处理好新线与旧线的关系。在生态环境相对脆弱的地区应尽量利用老路,避免对地表植物的再次破坏。

  (3)线形设计时应与地形、自然环境相协调。公路设计应采用与自然地形相协调的几何线形,使之顺适自然,与周围景观有机地融为一体。对以平、纵、横为主体的公路线形,应采用平顺的曲线和低缓的纵坡与周围地形景观相协调,组成协调流畅的线形及优美的三维空间。

  (4)在公路横断面几何构造物上采取措施。在横断面的路基设计上应充分听取勘察人员的意见,沿线要在保护好地下水的原则下,确定公路横断面尺寸,避免高填深挖,以保护自然生态环境不被破坏。

  2. 陆生动物的保护措施

  对于低等级公路(两侧无隔离栅),动物穿越公路时与行驶车辆相撞是造成动物伤害的主要原因。以下为适用于低等级公路的动物防护措施。

  (1)设置动物标志,减速行驶

  在野生动物频繁出没的路段设置动物标志,提醒驾驶员减速行驶,避免动物与车辆相撞引起伤亡。

  (2)设置灯光反射装置

  在路旁设置一些灯光反射装置,如反光灯等,以便夜间车辆行驶时吓退公路两侧的动物,使其不敢穿越公路。

  (3)设置保护栅

  在公路两侧修建栅栏或植物屏障,这些屏障可改变动物的迁徙路线,以减少动物与车辆碰撞。

  (4)设置动物通道

  在野生动物保护区、自然保护区等有野生动物特别是濒临灭绝的珍稀野生动物活动的地区,可考虑修建动物通道来保护动物的栖息环境。动物通道分上跨式和下穿式两种。下穿式通道的设计可与涵洞或其他水利设施结合起来。由于设置动物通道所需的费用较高,所以,使用这种措施的场合应先论证所保护动物种群的重要性和通过的需要性。

为使动物通道发挥其应有的作用,通道两侧及上跨式通道的桥面上要绿化。

对于普通等级公路来讲,修建动物通道必须与修建隔离栅相结合,目的是通过改变动物迁徙路线来减少穿越公路的动物与车辆相撞。而对于高等级公路,修建动物通道的目的则是为动物的迁徙提供方便,如图 1-3-3 所示为青藏铁路动物迁徙通道。

图 1-3-3　青藏铁路动物通道

(5)用隧道、桥梁取代大开挖或高路基

用隧道取代大开挖或用桥梁取代高路基(图1-3-4和图1-3-5)的做法,是基于生态设计的角度考虑,避免破坏野生动物的栖息地或迁徙路径。所种植树木应尽量采用本土植物,以便在最少的数量下达到维持生态平衡的效果。

图 1-3-4　青峰依旧翠,玉带半山绕(景婺常高速公路)　　图 1-3-5　小磨公路以桥代路保护热带雨林

在公路穿过森林时,尤其是热带地区,减小要清除的植被的宽度(如使上行线和下行线分开)可以使路两侧的树木在公路上空相接触,为生活在树冠上的动物提供一种过路的途径。

在山区路段采用隧道和桥梁,不仅可以避免大量挖方、弃方和填方,避免大面积边坡的稳定处理以及无法补救的景观影响等问题,而且也有利于野生动物的保护。隧道上面的山体以及桥梁下面的通道是动物天然的活动场所。

(6)植树造林

在公路路界内或相邻区域植树,有利于当地的动植物保护。在一些场合,植物在起到防止水土流失作用的同时,还可为当地的动物提供更多的栖息场所。

3. 水生生物的保护措施

公路建设同时也存在着对水生生物的影响,其减缓措施如下:

(1)在跨越河流或湖泊水体时,尽量采用桥涵跨过,减少采用堆填路基结构。

(2)尽可能减少现有河流水体的改道。

(3)加强水域路段的路堤防护,防止土壤侵蚀引起水质污染及河塞,防止影响水生生物的生存环境。

(4)涵洞设计中应考虑水生生物迁徙洄游的需要,在必要的场所设置消力墩来降低水流速度,以便鱼类能逆流洄游。

(四)公路施工和运营阶段生物多样性保护

在公路施工阶段,施工单位有义务对职工进行保护野生动植物的宣传和教育。任何单位都必须按照设计图施工,绝不允许扩大施工范围,不允许砍伐征地范围以外的树木,参与施工的人员应严禁狩猎等,具体措施如下。

1. 防止地表植被破坏的措施

(1)在施工营地和场地的选择过程中考虑对生态环境的影响,尽量减少对地表覆盖的破坏面积,做好生活垃圾的收集和管理工作。

地表腐殖土是植物赖以生存的条件,是一种有限的自然资源,经过上万年的物理化学作用才能形成。工程实践证明,在公路建设中先将腐殖土挖移并保护,工后回填绿化,是恢复生态环境最有效的方法。

(2)合理设置施工取弃土场、砂石料场,禁止乱取弃土和随意堆放。

(3)合理设置施工便道,既要考虑施工方便,更要注意对生态环境的影响。在施工过程中严格要求材料运输车辆和施工机械按规定路线行驶。

(4)加强施工人员的环境保护意识教育,注意在各施工环节中对生态环境的保护。

(5)在施工营地和场地使用后,应及时平整地面,尽可能恢复原有地貌和植被。

(6)必要时,可以对某些受直接影响的珍稀濒危植物进行迁地保护。

2. 对动物的保护措施

(1)控制施工过程和人员的活动范围、规模和强度。

(2)野生动物通道范围内减少人为痕迹,避免惊扰动物的正常生命活动。

(3)在建桥水域中有水生野生保护动物时,施工单位在施工过程中要科学管理,优化施工方案,控制施工进度,尽量缩短水上作业时间。

(4)加强沿线生物多样性保护的宣传教育,禁止猎杀野生动物。

(5)施工结束后应采用相应的措施进行生态恢复。

二、地质环境保护

崩塌、滑坡、泥石流等是山区公路建设与运营中易发生的地质灾害,往往会造成严重的生态破坏与居民生命财产的巨大损失。这些地质灾害的产生,不仅与自然条件有关,而且与人为因素有关。因而,在丘陵山区、黄土高原、岩溶高原等地表起伏较大的地区修建公路时,应采取多种措施,避免或减少地质灾害对公路交通的影响以及对沿线生态环境的破坏。

(一)崩塌及其防治

1. 崩塌的危害与主要类型

在比较陡峻的斜坡上,大块岩体或碎屑在重力作用下突然落下,并在坡脚形成倒石堆(又称岩屑堆)的现象称为崩塌。倒石堆是一种倾卸式的急剧堆积,一般是松散、杂乱、多孔隙、大小混杂而无层理。崩塌的运动速度很快,崩塌的体积可由小于1m^{3}到数亿立方米。大规模的崩塌能摧毁铁路、公路、隧道、桥梁,破坏工厂、矿山、城镇、村庄和农田,甚至危及人民的生命安全,造成巨大灾害,如图1-3-6所示为甬台温高速公路乐清段山体崩塌。崩塌在工程建设上被视为"山区病害"之一。崩塌有下列主要类型：

（1）落石，即指悬崖陡坡上块石崩落。一般规模不大，可分为散落、坠落、翻落3种形式。

（2）山崩，即指发生在山区规模巨大的崩塌。例如，由于地震影响，陕西秦岭中的翠华山曾发生山崩，产生的巨大角砾（粒径可超过50m）遍布山坡，形成"砾海"。巨大的崩积体（倒石堆）堵塞山谷，积水成湖，形成景色优美的翠华山天池。

（3）坍岸，即指发生在河岸、湖岸、海岸的崩塌。

（4）坍陷，即指由地下溶洞、潜蚀穴或采空区所引起的崩塌。

图1-3-6　甬台温高速公路乐清段山体崩塌

2.崩塌易发地段的评价

（1）地貌条件

地貌是引起崩塌的基本因素，一定的坡度和高差是崩塌发生的基本条件。据调查，当坚硬岩石组成的斜坡坡度大于50°或60°，高差大于50m时，才可能发生崩塌。由松散物质组成的坡地，当坡度超过它的休止角时可能出现崩塌，一般坡度大于45°，高差大于25m可能出现小型崩塌；高差大于45m可能出现大型崩塌。黄土地区，坡度在50°以上，才可能发生崩塌。高山峡谷、悬崖陡岸多数是崩塌易发地段。

（2）地质条件

岩性与地质构造也是崩塌发生的重要条件。结构致密又无裂隙的完整基岩，即使在坡度很陡的情况下也不会发生崩塌；反之，结构疏松、破碎的岩石易发生崩塌。当坚硬岩层与松软岩层成互层出现时，由于风化差异，使坚硬岩层突出，临空面增大易引起崩塌。大量节理或断层存在，会加速岩石的风化解体过程，是崩塌发生的重要条件。岩层构造（包括断层面、节理面、层面、片理面等）及其组合方式是发生崩塌的又一个重要条件。当岩层层面或节理面的倾向与坡向一致、倾角较大、有临空面的情况下，沿构造面最容易发生崩塌。就区域新构造运动特点而言，构造运动比较强烈、地层挤压破碎、地震频繁的地区，是崩塌的多发区。

（3）气候条件

强烈的物理风化是崩塌发生的基础性条件。由于干旱、半干旱地区温差大，高寒山区冻融过程强烈，因此在这些地区岩石风化强烈，悬崖陡坡最易出现崩塌。暴雨、连日阴雨及冰雪融化等往往是崩塌的触发因素，岩体和土体中水分的大量渗入，大大增加了负荷，同时还影响了岩体内部结构，导致崩塌发生。另外，暴雨、连日阴雨还易引发洪水，导致大范围坍岸，造成严重灾害。山区公路往往沿河岸路段较长，坍岸对公路交通威胁很大。

（4）人为因素

公路建设或改造中，因过分开挖山体边坡，或在坡脚大量采石取土，使坡脚支持力减弱而引起崩塌。另外，在岩体较破碎地带，大爆破也会引起崩塌。

在公路设计、施工与运营过程中，要根据上述条件，综合分析，确定崩塌易发地段和时段，采取相应的防治措施，以保证施工与运营安全，保护生态环境。

3.崩塌的防治

在山区修建公路，对崩塌易发地段应定期监测，判断崩塌发生的可能性、强度及规模，并采取适当的防治措施，如清除危石、改造坡面等。

对规模大、破坏力强、仍在发展中的大型崩塌，一般应以改线避绕为主。对规模不大的崩塌，可根据不同情况，采取建拦石墙（图1-3-7）、防护河堤、明洞（图1-3-8）、支撑体（图1-3-9）、砌石护坡、绿化坡面或清除岩屑堆等措施。

公路施工中，应尽可能避免因人工开挖或爆破引起崩塌。

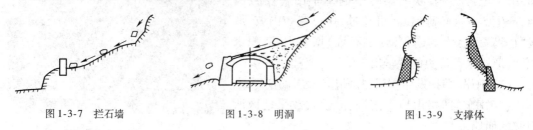

图1-3-7　拦石墙　　　　　　图1-3-8　明洞　　　　　　图1-3-9　支撑体

（二）滑坡及其防治

1. 滑坡及其危害

滑坡是山区公路建设中经常遇到的一种地质灾害（图1-3-10）。坡面上大量土体、岩体或其他碎屑堆积，在重力作用下，沿一定的滑动面整体下滑的现象称为滑坡。滑坡一般由3大部分组成，即滑坡壁、滑动面和滑坡体。大型滑坡体的结构比较复杂，其前端为滑坡舌和滑坡鼓丘。滑坡体上有滑坡阶地、滑坡洼地、滑坡湖、滑坡裂缝等。滑坡的规模不一，其危害程度也不尽相同，大型滑坡的危害是相当严重的。如1955年8月18日，陇海铁路宝鸡附近发生的卧龙寺大滑坡，把铁路向南推出110m。该滑坡南北长645m，滑坡体最大厚度88.6m，滑坡体体积约2000万m³，滑动面积33万m²，迫使陇海铁路在这里改线。又如1983年3月7日，在甘肃省东乡县洒勒山南坡，在第四纪黄土与下伏第三纪红土层中发生的大型滑坡，南北长1600m，东西宽约800m，滑坡体达5000多万m³，滑坡影响面积为150万m²，滑坡快速滑动2min，滑动距离达800~1000m，最大速度为46.1m/s，因而破坏性极大。该滑坡使公路毁坏，河道堵塞，水库淤积，附近4个生产队71户被掩埋，220人死亡，200多公顷农田被毁。

图1-3-10　湖北千将坪滑坡

2. 滑坡易发地段的评价

（1）地质条件

滑坡主要出现在松散沉积层。松散沉积物，尤其是黏土及黄土浸水后，黏聚力骤降，大大增加其可滑性。基岩区的滑坡常和页岩、黏土岩、泥灰岩、板岩、千枚岩、片岩等软弱岩层有关。当组成斜坡的岩石性质不一，特别是上覆松散堆积层，下伏坚硬岩石时，易产生滑坡。

滑坡的滑动面多数是构造软弱面，如层面、断层面、断层破碎带、节理面、不整合面等。

另外,岩层的倾向与斜坡坡向一致时,也有助于滑坡发育。

(2)地貌条件

就地貌特征而言,一般坡度不大,起伏平缓,而且植被覆盖较好的山坡比较稳定,不易发生滑坡。高陡的山坡或陡崖,使斜坡上部的软弱面形成临空状态,上部土体或岩体处于不稳定状态,容易产生滑坡。据观测得知,基岩沿软弱结构面滑动时,要求坡度为30°~40°;松散堆积层沿层面滑动时,要求坡度在20°以上。此外,河水侵蚀强烈的凹岸陡坎是滑坡易发地段。在黄土地区的河谷两岸,往往会出现巨大的滑坡带。

(3)降水和地下水条件

降水和冰雪融水往往是滑坡的触发条件。大多数滑坡发生在降雨时期,一般是大雨大滑,小雨小滑,无雨不滑。地下水也是促使滑坡发生的重要原因之一,绝大多数滑坡都是沿饱含地下水的岩体软弱面产生的。

(4)触发条件

地震是滑坡重要的触发条件。

(5)人为因素

人为因素对滑坡的影响主要表现在以下4个方面:

①开挖坡脚,破坏了自然斜坡的稳定状态;

②在坡顶上堆积弃土、盖房,加大了坡顶荷载;

③不适当的大爆破施工;

④排水不当等。

滑坡的发生和发展一般可以分为蠕动变形阶段、剧烈滑动阶段、渐趋于稳定阶段。蠕动变形阶段,长的可达数年,短的仅有几天。一般情况滑坡规模越大,这个阶段越长。准确的蠕动变形判断,是防治滑坡、减轻灾害的关键。滑坡经过剧烈滑动阶段后,坡面渐趋于稳定阶段。

3. 滑坡的防治

山区公路在选线时,应尽可能避开大型滑坡易发地带。在公路建设与运营中,应对滑坡易发地段进行监测。对开始蠕动变形地段要及时采取防治措施,同时要尽量减少人为因素的影响。滑坡的防治主要有排、挡、减、固等措施。

(1)排——是排除地表水和疏干地下水,增加岩体抗滑力。

(2)挡——是修建挡土墙,挡住土体下滑。

(3)减——是在滑坡上方取土减荷,减小下滑力。

(4)固——是烘烧滑动面土体使之胶结,加大抗剪强度。

考虑滑坡防治措施时,必须针对引起滑坡的原因及类型,抓住主要矛盾加以综合治理(图1-3-11)。

图1-3-11 某公路滑坡的治理(天沟、抗滑挡墙及锚杆)

(三)泥石流及其防治

1. 泥石流的危害与类型

泥石流是一种含有大量泥沙、石块等固体物质,爆发突然,历时短暂,来势凶猛,具有强大破坏力的洪流。泥石流爆发时,山谷雷鸣,地面振动,几十万甚至几百万立方米的砂石混杂着水体,依陡峻的山势,沿着峡谷深涧,前推后拥,猛冲下来。它能掩埋村庄,摧毁城镇,破坏交通和一切建筑物,往往造成巨大的灾害。泥石流之所以危害巨大,主要是它的剥蚀、搬运和沉积作用极为强烈,对地表改变很大。泥石流可以搬运大量的粗碎屑和巨砾石,高速运动,带着强大的能量,对沟道产生强烈的下切和侧蚀。泥石流冲出峡谷后,在较开阔的地面沉积下来,形成巨大的锥形或扇形堆积体。

泥石流主要有两类:黏性泥石流,指固体物质总量占40%以上的泥石流;稀性泥石流,指固体物质总量占40%以下的泥石流。

2. 泥石流易发地区的评价

泥石流的发生取决于三个条件:一是要有丰富的固体碎屑;二是要有大量水体,水既是泥石流的组成部分,又是重要的动力条件;三是要有适宜的地貌条件。所以,典型的泥石流流域可分为3个区(图1-3-12)。

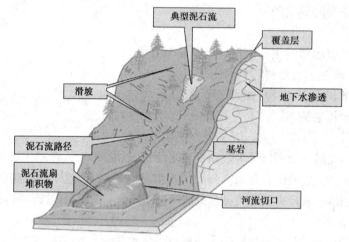

图1-3-12　泥石流流域示意图

(1)上游形成区。这是一个三面环山,一面出口的盆地,这里是组成泥石流固体碎屑和水源的主要汇集区。

(2)中游流通区。它是泥石流外泄的通道,地形上为比降较大的深切沟谷。

(3)下游堆积区。它是泥石流物质的停积地区。

总之,构造变动复杂或新构造运动强烈,而且岩性脆弱的地区,一般是泥石流的易发区。形成泥石流的水源主要来自暴雨或冰雪融水。暴雨中心往往是泥石流的分布区,暴雨量越大,泥石流规模也越大。另外,人为因素对泥石流的影响也不可低估,如大量采矿废渣和修路废弃土石方不合理的堆积,森林植被严重破坏,工程建筑物的不合理布局等,都有可能为泥石流的发生提供条件。

山区公路选线应尽量避开大型泥石流多发区。施工时,应尽量减少对森林植被的破坏;同时要注意对废弃土石方的处理,不能为泥石流的产生提供物质条件。

3. 泥石流的防治

泥石流的防治是一项综合性生态工程,对泥石流的3个区,要采取针对性的措施。

(1)上游形成区。植树造林,保护草地,修建排水系统,减少或断绝泥石流的固体物质源。

(2)中游流通区。在主沟内修建各种拦石坝(图1-3-13),拦蓄泥沙、石块,削减泥石流的流速和规模,防止泥石流的侧蚀和下切。

(3)下游堆积区。修建排洪道和导流堤(图1-3-14),保护公路、桥渠、涵洞和其他建筑物。

图 1-3-13　拦石坝

图 1-3-14　导流堤

 阅读材料:自然保护区

自然保护区是指有代表性的自然生态系统,珍稀濒危野生动(植)物物种的天然集中分布区,有特殊意义的自然遗迹等保护对象所在的陆地、陆地水体或海域,依法划出一定面积予以特殊保护和管理的区域。国际上,就保护自然资源与保护自然环境而言,国家公园和自然保护区具有同样重要的功能。

美国在1872年建立了世界上第一个国家公园——黄石公园,标志着近代自然保护区建设事业的开始。我国于1956年建立了第一个自然保护区——广东鼎湖山自然保护区。20世纪80年代以来,我国的自然保护区建设事业得到了稳定发展。自然保护区和国家公园的数量、类型、面积和管理状况,已成为衡量一个地区经济和文化发展水平的一项重要标志。

1. 自然保护区的保护对象

(1)典型的自然地理区域,有代表性的自然生态系统区域以及已经遭受破坏但经保护能够恢复的自然生态系统区域。

(2)珍稀、濒危野生动植物种的天然集中分布区域。

(3)具有特殊保护价值的海域、海岸、岛屿、湿地、内陆水域、森林、草原和荒漠。

湿地是重要、最具生物多样性的生态系统之一。1992年我国加入了《国际重要湿地特别是水禽栖息地公约》,简称《湿地公约》或《拉姆萨尔公约》。《湿地公约》中指出"湿地系指不问其为天然或人工、长久或暂时之沼泽地、湿原、泥炭地或水域地带,带有静止或流动,或为淡水、半咸水或咸水水体者,包括低潮时水深不超过6m的水域"。

(4)具有重大科学文化价值的地质构造、著名溶洞、化石分布区及冰川、火山、温泉等自然遗迹。

(5)需要予以特殊保护的其他自然区域。

2. 自然保护区的功能分区

自然保护区内部,一般分为核心区、缓冲区和实验区。

(1)核心区——指保护区的精华所在,是保护对象最集中、特点最明显的地段。

核心区需要严格保护,属于绝对保护区。

(2)缓冲区——在核心区的外围,是为保护核心区而设置的缓冲地带,一般只允许进行科研观测活动。

(3)实验区——在缓冲区的外围,可以在不破坏生态环境与自然资源的前提下,进行科研、教学实习、生态旅游与优势动植物资源的开发工作。

3. 自然保护区的分级

根据自然保护区的重要价值及其在国内外的影响,我国将自然保护区分为国家级自然保护区和地方级自然保护区。至2009年年底,我国已建各类自然保护区2541处,总面积约占陆地国土面积14.72%,其中国家级自然保护区319处。自然保护区在保护自然资源和自然环境,促进区域可持续发展等方面,正在发挥越来越重要的作用。

《中华人民共和国自然保护区条例》第三十二条规定"在自然保护区的核心区和缓冲区内,不得建设任何生产设施。在自然保护区的实验区内,不得建设污染环境、破坏资源或者景观的生产设施;建设其他项目,其污染物排放不得超过国家和地方规定的污染物排放标准。"公路中心线距省级(含)以上自然保护区边缘不宜小于100m。

学习单元四

公路水土保持

【案例】如图1-4-1所示,长春市快速轨道交通规划4号线为中心区东半环"U"形线,北起合心团,南至南三环,线路总长29.6km,其中快轨三期东环线工程是《长春市快速轨道交通线网规划》中的4号线的一段。长春快轨三期工程起点位于长春火车站北广场铁北二路,向南穿过规划地块进入铁北一路,沿铁北一路向东至北七条路口向南转,跨过火车站铁路咽喉区沿伪皇宫东侧公路及铁路之间向南敷设,然后通过S曲线跨过伊通河、惠工路立交桥向南进入同安街,沿同安街路中向南进入临河街,然后沿临河街路中向南跨过吉林大路、自由大路、南湖大路、卫星路,最后到达快轨三期终点站南三环站。线路全长14.73km,其中地下线2.52km,其余为高架线;共设车站15座,其中地下车站2座,高架车站13座。设南三环车场一处,规划控制用地约26公顷。该工程占地均为永久性占地,包括区间路基、站场、桥梁、隧道地段、施工场地、施工便道占地。工程征地占用了土地资源,破坏了地表植被,如不能及时防护和合理利用,可能对土地资源和地表植被造成一定影响,产生水土流失。请分析应采取哪些防治措施?

水土流失在《中国大百科全书·水利卷》、《中国水利百科全书》定义为:在水力、风力、重力等外营力作用下,水土资源和土地生产力的破坏和损失,它包括土地表层侵蚀及水的损失。土地表层侵蚀指在水力、风力、冻融、重力以及其他外营力作用下,土壤、土壤母质及其他地面组成物质如岩屑、松软岩层被风化、剥蚀、转运和沉积的全过程。水的损失在我国主要指坡地径流损失。

我国是世界上水土流失较为严重的国家之一,水土流失已成为我国主要环境问题之一。水土流失造成了土地的石漠化、荒漠化、干旱化、贫瘠化和污染化。我国水土流失具有分布范围广、类型多、成因复杂、流失强度大、危害严重等特征。不论山区、丘陵区,还是风沙区,都存在不同程度的水土流失问题,尤以南方的红壤土、西北的黄土和东北的黑土水土流失最为强烈。根据水利部第三次遥感普查结果(中华人民共和国水利部,2002),我国现有水土流失面积 $3.56 \times 10^6 \text{km}^2$,占国土面积的37.1%,其中水力侵蚀面积 $1.65 \times 10^6 \text{km}^2$,风力侵蚀面积 $1.91 \times 10^6 \text{km}^2$,冻融侵蚀面积 $1.25 \times 10^6 \text{km}^2$。

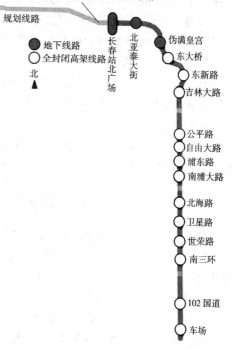

图1-4-1　长春快速轨道交通4号线

一、公路建设水土流失的危害

公路建设项目水土流失是在区域自然地理因素即水土流失类型区的支配和制约下,由于各种自然因素(包括气候、地质、地形地貌、土壤植被等)的潜在影响,通过人为生产建设活动的诱发、引发、触发作用而产生的一种特殊的水土流失类型。因为公路建设是线性项目,对地面的扰动特点表现为多种多样,因此施工过程中对水资源和土地资源的破坏是多方面的。公路施工过程中要开挖山体、修建隧道、架设桥梁、高处要削低、低地要填高,因此其对土地资源的破坏不仅仅是表层土壤,往往破坏至深层土壤,深者可达几十米。水土流失形式表现为岩石、土壤、固体废弃物的混合搬运。水土流失的危害主要表现在以下几个方面。

1. 对水文和水域的影响

由于公路建设过程中破坏了原地貌状态和自然侵蚀状态下的水文网络系统,植被也受到破坏,极易诱发水土流失。在开挖、回填、碾压等建设活动中,对原有坡面排水沟渠造成不同程度的破坏,同时施工裸露地面水土流失现象不仅对周围环境造成危害,而且对公路的安全运行也会构成非常大的威胁。开挖面积增加,扰动了原土层和岩层,为溅蚀、面蚀、冲沟侵蚀等土壤侵蚀的产生创造了条件。

2. 破坏土地资源

公路施工所产生的水土流失对农田的影响方式有两种:一种是在通过农田的路段,特别是路堤、桥梁或交叉点,降雨侵蚀所产生的泥沙会直接流向工程区域外的农田,由于地势变缓,其中大部分泥沙沉淀下来,形成"沙压农田";另一种方式是泥沙中细小的部分会随水流往下游以"黄泥水"的形式进入农田,对农田产生进一步的影响。此外,线路工程的取土区和弃土堆的位置不当时,对农田的影响也相当严重。

3. 淤积水库河道，加剧洪涝灾害

施工中弃渣得不到及时有效的防护治理，在降雨及人为因素作用下产生大量泥沙，泥沙随着水流进入河道，在流速小的地方，特别是河口进行沉积，因此，易造成大量泥沙淤积水库、渠道、河流，是破坏水利设施与加剧洪涝灾害的根源之一。

4. 破坏植被，加剧周边水土流失

路基边坡、取土场、弃渣场易受吹蚀和径流的冲刷，特别是取土场、陡峭的边坡和弃渣场的松散堆积物，极易产生崩塌、滑坡等重力侵蚀和冲蚀，将加速水土流失。

5. 促进灾害性天气形成

在公路施工期，路基边坡、取土场、弃渣场、预制厂等大量泥沙物质直接暴露，为风蚀准备了充分的泥沙物质，促进扬尘灾害性天气的发生。

二、公路土壤侵蚀的类型

一般认为，土壤侵蚀是地球陆面上的土壤、成土母质和岩屑，受水力、风力、冻融、重力等营力作用，发生磨损、结构破坏、分散、移动和沉积等的过程与后果。目前，世界上多采用土壤侵蚀(Soil erosion)这一术语。水土流失(Soil and water)是我国对土壤侵蚀笼统的习惯叫法。严格地讲，土壤侵蚀与水土流失这两个概念的科学含义是有区别的。

1. 按公路土壤侵蚀的外营力分类

根据侵蚀营力，可将土壤侵蚀分为水力侵蚀(水蚀)、风力侵蚀(风蚀)、重力侵蚀和泥石流等类型。

水力侵蚀按照侵蚀方式又可分为：

(1)面蚀，包括溅蚀、片蚀、细沟状面蚀等。

(2)沟蚀，是最重要的侵蚀方式，可形成浅沟、切沟、冲沟及河沟等(它们是沟谷发育的不同阶段)。

(3)潜蚀等。

考虑人类的影响，还可将土壤侵蚀分为自然侵蚀与加速侵蚀。

自然侵蚀，是由自然因素引起的不断进行土壤更新作用，即因侵蚀而消失的表土层同时由风化产生的新土层所补偿，消失和补偿基本维持平衡，因而土壤侵蚀速度缓慢，一般危害不大，故又将此称为正常侵蚀。

加速侵蚀，是由人类活动引起的，可使正常侵蚀条件下需千百年才能损失的表土，在极短时间内流失殆尽，其危害严重。

2. 按公路土壤侵蚀发生的部分分类

公路建设项目水土流失既具有水土流失的共性，也具有自身的特性。按土壤侵蚀发生的部分把公路土壤侵蚀划分为主体工程区土壤侵蚀、取土弃渣区土壤侵蚀和临时占地及土石渣料土壤侵蚀。

(1)主体工程区土壤侵蚀

公路建设对地面扰动、破坏类型多，修建路基工程将对公路征地范围内的原地面进行填筑或挖方，造成了地表的植被破坏，使土壤表层裸露，原地表坡度、坡长改变，从而使它的抗蚀能力降低，诱发新的水土流失。

(2)取土弃渣区土壤侵蚀

工程建设过程中所产生的大量取土或弃土、弃渣，尤其是取土和弃渣，由于受地形及运输条件的限制,可能被就近倾倒于沟谷中。这些松散的岩土孔隙大,结构疏松,若不采取有效的防治措施,就会导致新的水土流失及生态环境的恶化,并可能影响公路的安全运营。

(3)临时占地及土石渣料土壤侵蚀

在公路施工过程中,施工区内的临时施工便道以及土石渣料,如缺少必要的水土保持措施,一遇暴雨或大风将不可避免地产生水土流失。

3.按公路土壤侵蚀发生的时段分类

按公路土壤侵蚀发生的时段,可以把公路土壤侵蚀划分为建设期土壤侵蚀和运营期土壤侵蚀。

在建设期,因采石取土、开挖地面、填土堆渣、桥涵施工、修筑便道等活动破坏沿线植被,扰动土体结构,破坏土体抗蚀能力,土壤侵蚀加剧。路基边坡、临时便道、临时堆料场、取土场、弃渣场都是水土流失重点发生部位。

在运营期,随着各项水土保持措施的实施及其水土保持功能的逐步恢复,工程建设引发的水土流失逐渐得到治理,沿线生态环境得以恢复和改善,并达到新的平衡状态。高速公路建设期间,开挖路基边坡、临时便道、临时堆料场、取土场、弃渣场等施工单元是水土流失重点发生部位,因此,这些施工单元也是水土流失重点防治部位。

公路建设中不同时段水土流失特点见图1-4-2。

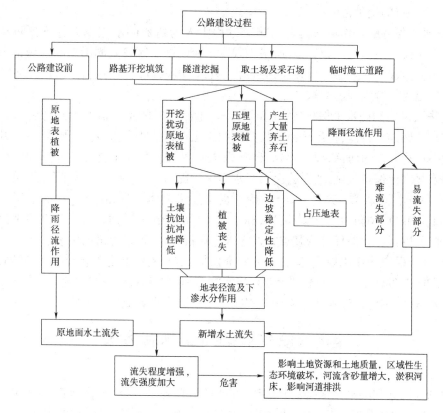

图1-4-2 公路建设过程中不同时段水土流失特点

三、公路建设项目的水土保持

水土保持是防治水土流失,保持、改良与合理利用山区、丘陵区和风沙区水土资源,维护和提高土地生产力,以利于充分发挥水土资源的经济效益和社会效益,建立良好生态环境的综合性科学技术。

公路建设项目水土保持是在公路施工期的公路主体工程区域、取弃土场、临时工程等范围内预防和治理水土流失的综合性技术措施。公路建设工程量大,引起的水土流失也较为严重,这不仅影响公路自身的安全运行和周边环境、沿线城镇、村庄、农田及公共设施,而且会影响水土资源和生态环境。公路建设中的水土保持以控制水土流失、改善生态环境和行车景观为主要目的。它具有以下两个作用:

(1)恢复工程建设中被损环境的生态系统及其生态功能,控制水土流失。

(2)恢复和改善路域景观,绿化、美化道路沿线环境,改善道路交通条件,提高路域环境质量。

公路建设项目的水土保持主要是充分考虑工程措施和生物措施等方面,处理好局部治理和全线治理、单项治理措施和综合治理措施的关系,相互协调,使施工及运营过程中造成的水土流失减小到最低限度,从而保证工程建设的顺利进行,促进项目区的社会、经济和环境协调统一发展。它涉及公路防护工程、绿化工程、土地复垦、排水工程、固沙工程等多种水土保持技术,是一门与土壤、地质、生态、环境保护、土地复垦等多学科密切相关的交叉学科。因此,公路建设项目的水土保持总体上看是环境恢复和整治问题,属于公路建设与区域环境保护和水土保持的交叉范畴。

公路水土保持的工作重点是针对施工过程中人为造成的水土流失进行预防和综合治理,提出水土流失防治的对策和措施,最大限度地控制施工区及其周围影响区域范围内的水土流失,使公路建设与生态环境建设协调统一发展,以取得最佳的生态效益、经济效益和社会效益,满足可持续发展的需求。

《中华人民共和国水土保持法》确定了以"预防为主"的水土流失治理方针。根据有关规定,结合公路建设特点,提出公路建设过程中水土保持的指导方针:以预防为主,开发建设与防治并重,边开发边防治,以防治保开发,采取必要的工程及生物措施,因地制宜,因害设防,达到恢复水土保持设施,改善公路沿线水土保持能力,保证主体工程安全运行的目的。

公路建设水土保持应贯彻"水土保持工程与公路主体工程相结合,主体工程与附属工程、临时工程并重,预防为主,综合治理,标本兼治,防治结合"的原则,按照经济规律和生态规律来进行,以保护生态环境为基点来建立水土保持目标,促进经济的发展。

根据水土保持法律法规规定的"谁开发谁保护,谁造成水土流失谁治理"的原则,按照国家行业标准《开发建设项目水土保持方案技术规范》(GB 50433—2008)规定,公路建设水土流失防治责任范围包括公路建设主体工程区、取土场、弃土弃渣场以及临时工程占地等。

四、公路建设的水土保持方案

1. 法律依据

《中华人民共和国水土保持法》规定:"在山区、丘陵区、风沙区修建铁路、公路、水利工程……在建设项目环境影响报告书中,必须有水利行政主管部门同意的水土保持方案"。"建设项目中的水土保持设施,必须与主体工程同时设计、同时施工、同时投产使用。建设工程竣工验收时,应当同时验收水土保持设施,并有水利行政主管部门参加"。

国务院和有关部委还发布了一系列文件,进一步对水土保持方案的编制内容、审批、管理等作出了具体规定。

2. 水土保持方案防治范围

划定公路建设项目水土保持方案的防治范围,对保证公路建设的安全施工、公路的安全运营和保护沿线生态环境均具有重要意义。方案的防治范围可划分为公路施工区、影响区和预防保护区。

(1)公路施工区

公路施工区,指公路主体工程及配套设施工程占地涉及的范围。它包括工程基建开挖区、采石取土开挖区、工程扰动的地表及堆积弃土(渣)的场地等。该区是引起人为水土流失及风蚀沙质荒漠化的主要物质源地。

(2)影响区

影响区,指公路施工直接影响和可能造成损坏或灾害的地区。它包括地表松散物、沟坡及弃土(渣)在暴雨径流、洪水、风力作用下可能危及的范围,可能导致崩塌、滑坡、泥石流等灾害的地段。

(3)预防保护区

预防保护区,指公路影响区以外,可能对施工或公路运营构成严重威胁的主要分布区。如威胁公路的流动沙丘、危险河段等的所在地。

3. 水土保持方案的主要内容

(1)水土保持方案的防治目标

①人为新增水土流失应得到基本控制。除工程占地、生活区占地外,土地复垦及恢复植被面积必须占破坏地表面积的90%以上。采用各类设施阻拦的弃土(渣)量要占弃土(渣)总量的80%以上。

②原有地面水土流失应得到有效治理,使防治范围的植被覆盖率达40%以上,治理程度达50%以上,原有水土流失量减少60%以上。

③公路施工和运营安全应得到保证。

④方案实施为沿线地区实现可持续发展创造有利条件。

(2)水土保持方案的防治重点及对策

防治人为新增水土流失及土地沙质荒漠化为方案的防治重点。总的防治对策为:控制影响公路施工与运营的洪水、风口动力源,固定施工区的物质源,实现新增水土流失和自然水土流失两者兼治。

①公路施工区为重点设防、重点监督区。工程基建开挖和采石取土场开挖,应尽量减少破坏植被。废弃土(渣)不许向河道、水库、行洪滩地或农田倾倒,应选择适宜地方作为固定弃渣场,并布设拦渣、护渣及导流设施。对崩塌、滑坡多发区的高陡边坡,要采取削坡开级、砌护、导流等措施进行边坡治理。施工中被破坏、扰动的地面,应逐步恢复植被或复垦。在公路沿线还应布设必要的绿化,发挥美化和生物防护的作用。

②直接影响区为重点治理区。在公路沿线,根据需要布设护路、护河(湖)、护田、护村(镇)等工程措施,还应造林种草,修建梯地、坝地。达到保护土地资源,减少水土流失,提高防洪、防风沙能力,减少向大江大河输送泥沙。

③预防保护区以控制原来地面水土流失及风蚀沙化为主,开展综合治理。

五、公路工程中常用的水土保持措施

公路水土保持工程措施是指为保持水土,合理利用路域水土资源,防治水土流失危害而修筑的各种建筑物。公路水土保持工程具有小、多、群体的特点。在存在水土流失的路域内，根据因地制宜、因害设防的原则，合理配置工程措施，形成一个完整体系，才能有效地控制径流。在布设工程措施的同时，再配合生物措施，就可以达到基本控制水土流失的目的。

（一）公路水土保持工程措施

公路工程的水土保持工程措施主要有路基路面排水设施、边坡防护措施、施工便道防护措施、弃土（渣）场水土保持措施等。

1. 路基路面排水设施

公路应设置完善的路基路面排水设施，以排除路基、路面范围内的地表水和地下水，保证路基和路面的稳定，防止路面积水影响行车安全。路基地表排水系统包括边沟、截水沟、排水沟、跌水及急流槽、拦水带、蒸发池等设施。各种排水设施的一般要求见表1-4-1。

排水设施的一般要求 表1-4-1

排水设施类型	横断面形式及尺寸	设置条件	备注
边沟	一般为梯形。梯形边沟内侧边坡为1:1.0~1:1.5，外侧边坡坡度与挖方边坡坡度相同	挖方路段以及高度小于排水沟深度的填方路段	
截水沟	一般为梯形。边坡视土质而定，一般采用1:1.0~1:1.5，深度及底宽不宜小于0.5m，沟底纵坡不应小于0.3%	为汇集并排除路基挖方边坡上侧的地表径流	挖方路基的截水沟应设置在坡顶5m以外；填方路基上侧的截水沟距填方坡脚的距离不应小于2m
排水沟	一般为梯形。边坡可采用1:1.0~1:1.5，横断面尺寸根据设计流量确定，深度与底宽不宜小于0.5m，沟底纵坡不宜小于0.3%	将边沟、截水沟、边坡和路基附近积水，引排至桥涵或路基以外	
跌水和急流槽	各部位尺寸应根据水文、地形、地质及当地气候条件确定	水流通过坡度大于10%，水头差大于1.0m的陡坡地段	跌水和急流槽应采用浆砌片石或水泥混凝土预制块砌筑
地下排水设施	包括暗沟、渗沟、检查井等，渗沟和渗井的断面尺寸应根据构造类型、埋设位置、渗水量、施工和维修条件等确定	当路基范围内出露地下水或地下水位较高时，影响路基、路面强度或边坡稳定	
路面排水设施	由路肩排水和中央分隔带排水设施组成	高速公路、一级公路应设置	

2. 边坡防护措施

路基在水、风、冰冻等自然营力的长期作用下，经常发生变形和破坏，例如，边坡的表土剥落形成冲沟以及滑坍等。为保证边坡的稳定性，除做好排水工程外，还必须采取有效的措施对黏土、粉砂、细砂及容易风化的岩石路基边坡进行必要的防护与加固。

（1）路基防护的一般要求

路基防护应按照设计、施工与养护相结合的原则，深入调查研究，根据当地气候环境、工程地质和材料等情况，因地制宜，就地取材，选用适当的工程类型或采取综合措施，以保证路基的稳固。不要轻易取消或减少必要的防护工程措施,而给养护管理遗留繁重的工作量。

对于水流、风力、降水以及其他因素可能引起路基破坏的,均应设置防护工程。在冲刷防护设计中要综合考虑,使防护工程有更好的效果。

在不良的气候和水文条件下,对粉砂、细砂与易于风化的岩石坡,以及黄土和黄土类边坡,均宜在土石方施工完成后及时防护。路堑边坡应根据边坡岩层组成及坡面弱点分布情况考虑全面防护或局部防护。

对于冲刷防护,一般在水流流速不大及水流破坏作用较弱地段,可在沿河路基边坡设砌石护坡、石笼和混凝土预制板等,以抵抗水流的冲刷和淘刷。需要改变水流或提高坡脚处粗糙率,以降低流速、减缓冲刷作用时,可修筑坝类构造物。对于冲刷严重地段(急流区、顶冲地区),可采用加固边坡(砌石护坡)和改变水流情况的综合措施,水下部分可视水流的淘刷情况,采用砌石、石笼或混凝土预制板等护底护脚。砌石基础应置于冲刷线以下0.5~1.0m,水上部分采用轻型防护即可。

坡面防护一般不考虑边坡地层的侧压力,故要求防护的边坡有足够的稳定性。但护面墙可用于极限稳定边坡。对高而陡的防护构筑物,设计时要考虑设置便于维修检查的安全设施。

(2)边坡加固的措施

边坡加固具体措施,见表1-4-2。

边坡加固措施 表1-4-2

防护设施类型	坡体要求	适用条件	防护措施特点	材料类型及要求
抹面(图1-4-3)	山体(路基)边坡稳定,坡面平整干燥	易于风化的岩石,如页岩、泥岩、泥灰岩、千枚岩等软质岩层的路堑边坡防护	抹面或捶面的边坡坡度不受限制,但不能担负荷载,亦不能承受土压力,高速公路路基边坡不宜抹面和捶面防护	石灰炉渣混合灰浆、石灰炉渣三合、四合土及水泥石灰砂浆
捶面		易受冲刷的边坡和易风化岩石边坡		水泥炉渣混合土、石灰炉渣三合、四合土
护面墙	护面墙所防护的挖方边坡陡度应符合极限稳定边坡的要求	多用于易风化的云母片岩、泥质页岩、千枚岩及其他风化严重的软质岩石和较破碎的岩石地段,以防止继续风化,边坡不宜陡于1:0.5	护面墙除自重外,不担负其他荷载,亦不承受墙后的压力	实体护面墙、孔窗式护面墙、拱式护面墙及肋式护面墙等
干砌片石	干砌片石建在防护沿河路基受到水流冲刷等有害影响的部位,防护的边坡坡度应符合路基边坡的稳定要求,一般为1:1.5~1:2	较缓的(不陡于1:1.25)土质路基边坡,因雨、雪水冲刷会发生流泥、拉沟与小型溜坍,或有严重剥落的软质岩层边坡,周期性浸水的河滩、水库或台地边缘边坡,洪水时水流平顺,不受冲刷者	干砌片石防护工程不宜用于水流流速较大(3.0m/s)的路基边坡	干砌片石厚度不宜小于250mm。铺砌层的底面应设垫层,垫层材料一般用碎、砾石或砂砾混合物等

续上表

防护设施类型	坡体要求	适用条件	防护措施特点	材料类型及要求
浆砌片石（图1-4-5）	对于严重潮湿或严重冻害的土质边坡，在未采取排水措施以前，不宜采用浆砌护坡	在坡度缓于1:1的土质路基边坡，或者岩质边坡的坡面防护采用干砌片石不适宜或效果不好时	浆砌片石防护与浸水挡墙或护面墙综合使用，以防护不同岩层和不同位置的边坡	
土工织物	用土工织物加固边坡时，应修建在承载能力较高的路基边坡上	在挡土结构中，土工织物与填料结合在一起，共同承受土体织物系统中的应力	使用土工织物加固边坡施工方便，少占土地，节约投资，是一种具有发展前途的加固边坡技术	
坡面喷混凝土（图1-4-4、图1-4-6）		适用于风化严重的岩质边坡，深路堑经预裂光爆后，尚需锚喷加固的多台阶高边坡，成岩作用较好的黏土岩边坡	喷成的护坡强度高，黏结力强，喷层虽薄但能和原岩共同作用，防止风化和岩块松动，增进岩体的强度和稳定性	分为普通喷射、挂网喷射、钢纤维喷射和造膜喷射4种。其质量比喷浆、水泥砂浆抹面、四合土插面等为优，造价比浆砌护墙、护坡为低，施工又简便快速，但其耐候性和坚固性较浆砌石差一点
防落石工程		悬崖和陡坡上的危石、斜坡上很大的孤石		有防落石栅、挡墙加拦石栅、落石网等，或混凝土固定或用粗螺栓锚固

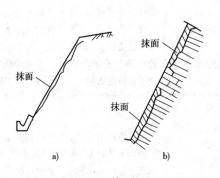

图1-4-3 抹面护坡
a) 全抹面护坡；b) 软岩处抹面嵌入

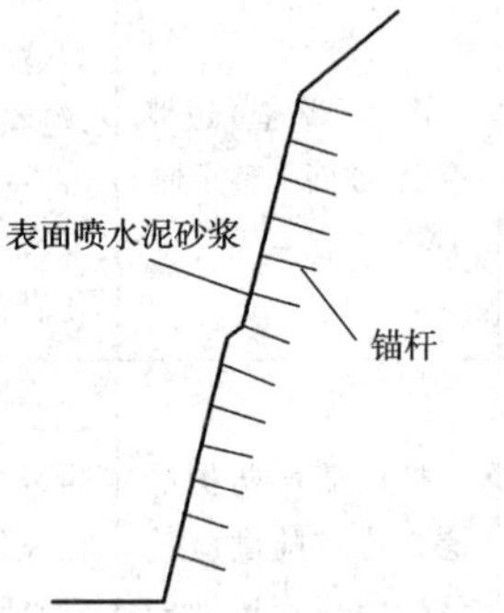

图1-4-4 锚杆喷浆护坡

3. 施工便道防护措施

施工便道是运输土料的重要通道，承受的行车荷载及交通量都很大，由于是临时修建的，公路质量不高，在雨水淤积及冲刷的情况下极易破损，造成水土流失。因此，施工便道应设置防止表面侵蚀和控制沉淀物的设施。

临时施工便道应修建临时排水设施，永久施工便道应修建永久排水设施。排水设施修建应与施工便道整治同时进行。在高边坡端或路基两侧建排水沟，来控制和顺引坡面下冲水流，结合地形在排水沟出口处设沉砂池，并在沉砂池出水口处设土工布围栏，再次拦截泥沙，水流经沉砂池沉淀和土工布围栏过滤后，排向附近的自然沟道。

一般的施工便道主要采用简单措施进行防护。在临时便道挖、填方坡面撒播草籽，尽快形成覆盖层，防治水土流失。草种选择应根据当地自然条件决定，选择抗逆性能好，生长快的乡土草种。永久便道公路两旁还应栽植行道树进行绿化。边坡条件较差时，需采取工程护坡措施。如防护工程不能紧跟施工时，对坡面应采用加覆盖物等临时防护措施。

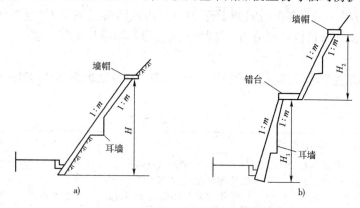

图1-4-5 浆砌片石护墙
a) 单级护墙断面；b) 多级护墙断面

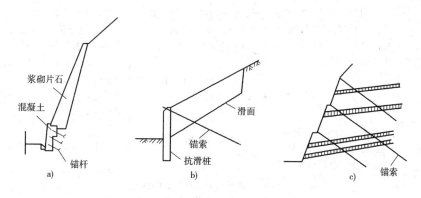

图1-4-6 采用支挡结构的坡面防护
a) 挡墙基础锚杆加固；b) 预应力锚索抗滑桩；c) 锚索加固边坡

4. 弃土（渣）场水土保持措施

弃土（渣）场由于压埋了原地表，毁坏了原地表林草及排水网络等水土保持设施，加上弃土（渣）体结构松散，孔隙率大，易造成大量的水土流失。所以，在弃土（渣）的全过程中必须采取相应的水土保持措施。

（1）拦土（渣）措施

弃土（渣）场的堆土（渣）坡度小于土壤内摩擦角时，此时阻滑力大于下滑力，在无其他外力作用下，不会产生下滑，坡面稳定。因此，在基本无暴雨或大风的季节，可不需要临时拦挡措施。但是，在永久性弃土（渣）场，拦土（渣）坝、挡土（渣）墙等工程是必需的，而且应该先挡后弃。

根据弃土（渣）场位置与地形特点，在土（渣）体四周修建适宜的拦土（渣）工程。可供选择的拦土（渣）工程措施主要有拦土（渣）坝、挡土（渣）墙和拦土（渣）堤等。在石料缺乏的区域，可采用装土草袋来修筑拦土（渣）工程。

①拦土（渣）坝——当弃土（渣）堆置于沟道内包括堆放于沟头、沟中、沟口或将整个沟道填平时，应修建拦土（渣）坝。其坝型按筑坝材料分为土坝、堆石坝、浆砌石坝和混凝土坝等。

②挡土挡渣墙——当弃土(渣)堆置于易发生滑塌的地点或堆置在坡顶及坡面时,应修建挡土(渣)墙。挡土(渣)墙一般应建在紧靠弃土(渣)及相对高度较高的坡面上,这样可以有效降低挡土挡渣墙的高度及其对沟道行洪的影响。挡土(渣)墙的设计必须同时兼顾抗滑、抗倾覆、抗塌陷的能力。俯斜式挡土(渣)墙在水土保持方面应用最为广泛。

③拦土(渣)堤——当弃土(渣)堆放于沟道岸边或河滩及河岸时,应在河、沟岸边修建拦土(渣)堤,根据其修筑位置可分为沟岸拦土(渣)堤和河岸拦土(渣)堤。

(2)护坡措施

在土(渣)体堆置完毕后,常采用的护坡措施有:削坡和反压填土;护坡工程;排水工程等(见表1-4-3)。

护坡措施　　　　　　表1-4-3

防护设施类型		适用条件	主要特点	主要作用
削坡和反压填土		在剖面形态上呈凹形、凸形的或有临空状态的上陡下缓的斜坡	采取分级削坡或修筑马道削坡的措施将其上部陡坡挖缓,并将其反压在下部缓坡上	增加阻滑体的阻滑力量,控制上部向下滑动,防止冻融滑塌或由于山体抗剪强度不足引起的滑塌
护坡工程	工程护坡	针对弃土(渣)比较松散,不均匀沉降等特性,其堆积边坡应优先采用植物护坡或综合护坡	投资较大,适应变形能力也较差,易随弃土(渣)的不均匀沉降而遭到破坏	稳定弃土(渣)堆积边坡,避免裸露坡面遭受雨滴直接击溅和地表径流冲刷,能提高边坡的稳定性
	植物护坡		在建植初期,其对水土流失的防治效果较差,需加强管护,确保植物保存率和成活率	植物护坡能适应弃渣(土)的沉降变形,控制水土流失,而且对公路沿线生态环境改善具有重要意义
	综合护坡		综合护坡兼有工程护坡和植物护坡的优点	它是在工程护坡措施间隙上种植植物,不仅具有增加坡面工程强度,提高边坡稳定性的作用,而且具有绿化美化的功能
四周排水	挡水埂	在弃土(渣)临空面顶部靠近坡肩以上3～5m处,围绕弃土(渣)堆积坡面修筑	挡水埂可采用弃土夯筑,断面为梯形	减少坡面水土流失,维护坡面稳定
	排水沟	修筑在弃土(渣)堆积台面与自然山体坡面交界处	排水沟采用浆砌石砌筑,过水断面为直角梯形,紧贴自然山坡的边坡坡比为1:1,紧贴弃土(渣)侧的边坡坡比为1:0,其过水深度和底宽采用最佳水力横断面法确定	收集和疏导堆积台面雨水径流和截流山体坡面汇集雨水,避免弃土(渣)遭到地表径流冲刷
	急流槽	急流槽采用浆砌石砌筑,沟槽基础做成阶梯状,增加整体稳定性,槽底面镶嵌小石块,用于消力和减少流速,减少径流的冲刷力	急流槽过水断面为矩形,具体尺寸计算与排水沟的设计一致	将弃土(渣)堆积台面汇集雨水导流至坡脚处的排水沟渠内
	墙前边沟和沉砂池	墙前边沟修筑在拦土(渣)工程前面,上承急流槽排水口,下接沉砂池	墙前边沟采用浆砌石砌筑,过水断面为梯形或矩形。沉砂池采用浆砌石砌筑。进水口与出水口过水断面为矩形。墙前边沟和沉砂池具体尺寸计算与排水沟设计一致	沉砂池修筑在排水系统末端,主要用于沉淀弃土(渣)场来水挟带的泥沙,减少弃土(渣)场水土流失对其下游和周边的危害

续上表

防护设施类型		适用条件	主要特点	主要作用
坡面排水	坡面径流引流措施	横坡向上可设梯形边沟,并利用其阶梯状坡面消能。利用排水沟将边沟、边坡水引排至桥涵或路基以外	在设计边沟和排水沟时,应根据集水面积、最大降雨量等来考虑水沟的断面尺寸	防止雨水直接冲刷弃土(渣)坡面
	排、引地下水措施	主要应加强对斜坡的观察,特别是雨后,注意观察地下水出露的点、沼泽化成比较湿润的地方	通过深挖积水坑、竖井等设施,然后再修筑排水沟来将水引出,并和地面的排水系统相连来排水。也可以通过深挖洞,再铺设导渗管来引出地下水	降低地下水位,保证边坡稳定

通过削坡和反压填土主要是减轻滑坡体上部的荷载、减小滑体的体积,并将其反压在下部缓坡(阻滑体)上。护坡工程是为了稳定弃(土)(渣)堆积边坡,避免裸露坡面遭受雨滴直接击溅和地表径流冲刷。为了保证弃渣安全稳定,排除弃(土)(渣)场周边坡面及区域内的洪水危害,需修建相应的排水设施。一般小沟道中人口、土地都很少,洪水标准按10年一遇重现期考虑,建筑物级别一般为5级。

(二)公路水土保持生物措施

公路水土保持生物措施是指利用植物进行公路土壤侵蚀控制的途径与手段。从20世纪60年代开始,人们对植被和侵蚀之间因果关系的认识不断加强,植物越来越成为控制侵蚀和稳定斜坡的一个手段。我国于20世纪90年代,开发和引进了很多生物工程技术,如液压喷播技术与客土喷播技术,这些技术被大量引入到公路水土保持工作中。

通过不断地发展和完善,目前已初步建立了较为完善的公路水土保持生物措施体系。

1. 公路水土保持生物措施的优点

除了能起到较好的水土保持作用外,生物措施相比其他措施还具有如下诸多优点。

(1)经济实用

植被护坡可以像浆砌片石、喷射混凝土一样起到边坡防护的作用,其施工成本比浆砌片石护坡要低许多,且生态效益是传统护坡所无法比拟的。据试验,在许多地区的植物防护成本仅是工程防护成本的25%。

(2)后期效果显著

采取工程加固措施,对减轻坡面修建初期的不稳定性和侵蚀方面效果很好,作用非常显著。但随着时间的推移,岩石的风化,混凝土的老化,钢筋的腐蚀,强度降低,效果也越来越差。而采用植被护坡则与此相反,开始作用尚不明显,但随着植物的生长和繁殖,对减轻坡面不稳定性和侵蚀方面的防护作用会越来越大。

(3)生态效益明显

植物光合作用能吸收大气中的CO_2,放出O_2,另外,植物也能吸收大气中的NH_3、H_2S、SO_2、NO、HF、Cl_2及Hg、Pb蒸气、金属和非金属粉尘等,达到净化空气的作用。边坡植物的存在还为各种小动物、微生物的生存繁殖提供了有利的环境,原来的生物链又逐渐形成,被破坏的环境也会慢慢地恢复到自然状态。

(4)提高公路综合服务功能

植被能吸收刺耳的声音,多方位反射太阳光线及车辆光线,降低噪声、强光对行人及驾驶员的辐射干扰,减轻和消除大脑及眼睛的疲劳,提高路标、警示牌的可见度等。

2. 公路水土保持所采用的植物

采用植物措施主要是为消除公路建设对环境的影响和破坏,同时也为了改善行车环境和满足一定的交通功能。选用的植物不仅要满足生态、形态和景观的要求,还要与建植目标一致,需要具备以下基本条件。

(1)当地适生植物为主,包括乡土植物种以及引种驯化成功并已得到广泛应用的植物种。在充分调查种植地区植物种类、种源丰富度等基础上,选择抗性强、根系发达、防护性能好的种类。护坡植物可以是当地的培育材料,在确保引种安全与成功的前提下,也可试种引进外来植物。外埠苗木进入本地时需经法定植物检疫主管部门检验,签发检疫合格证书后,方可应用。引种植物需符合国家和地方的相关政策、规范及标准要求。

(2)宜树则树、宜草则草。除青藏高原高寒区外,公路护坡植物可以是低矮乔木、灌木、竹类、花草,植被的建群种宜以灌木为主体。选择乔木时需确保公路车辆的通行安全要求。

(3)种源易于获取或易繁殖,以利于大面积地推广和应用。选择花卉可采用多年生或具有自繁功能的一年生植物。种植材料可以是种子,也可是其他繁殖材料(如苗木、草皮、插穗、植物根茎、匍匐枝茎等)。

(4)遵循乔、灌、草相结合,先锋种、速生种与慢生种相结合,豆科与禾本科相结合,深根型植物与浅根型植物相结合的原则。

(5)植物的生态习性与种植地区的生态条件相适应,能克服当地盐碱、风沙、干旱、沙压等不利条件,以及适应公路边坡土质、坡向、坡度、坡位等当地条件,能适应所采取的种植方式。

(6)植物要求抗性强、耐瘠薄及粗放管理,具有种量丰、发芽齐、生长快、易生根等特性。

(7)植物选择满足建植区域功能要求。固坡植物根系发达、固土能力强;生物围栏分枝多、带枝刺,空间阻隔能力强;行道树树形高大饱满、抗病虫、少维护,观赏效果佳;立交区植物景观表现力强;中央分隔带植物耐修剪,耐污染,防眩效果好。

(8)植物无污染环境的特性,不会损害当地农业、林业、畜牧业生产,不是当地园林、农业植物病虫的中间寄主,不会危害当地生态环境及生物多样性。

(9)尽量对公路建设将破坏的植物资源进行保护与再利用。

学习单元五

公路环境污染防治

【案例】李某是济源市邵原镇前王庄村养蜂大户,2006年4月,湖南湘潭公路桥梁建设有限责任公司下属的济邵高速公路十四合同段项目部在距离某某家约140m处进行施工。从当年11月下旬开始,李某发现自家的蜜蜂大批死亡,这一情形一直延续到2007年1月底,蜜蜂死亡数量达44群(箱)。李某觉得是大型机械在施工中产生的噪声及振动致使其在家中养殖的处于冬眠的蜜蜂死亡,故向有关方面提出赔偿要求,但经多方协调仍未果。最后,李某诉至法院请求被告赔偿其经济损失2.2万元。

一、声环境污染防治

噪声从物理学定义看,是发生体做无规则振动时发出的声音。从环境保护的角度看,凡是妨碍到人们正常休息、学习和工作的声音,以及对人们要听的声音产生干扰的声音,都属于噪声。噪声污染主要来源于交通运输、工业噪声、建筑施工、社会噪声等。

(一)噪声控制的原则

噪声自声源至接受者的过程是声源辐射→传播途径→接受者。由此,噪声控制的原则应是首先降低声源噪声辐射,其次控制噪声传播途径,最后设置接受者防护。

1. 降低声源噪声辐射

道路交通噪声主要由车辆动力噪声和轮胎噪声构成,为降低车辆动力噪声,各国汽车专业人员在这方面做了大量工作,并取得很大成果。随着车速的提高和车辆动力噪声的降低,轮胎噪声的影响举足轻重。20世纪80年代以来,欧洲德、法等国开展了以降低轮胎噪声为目的的低噪声路面研究,已取得举世瞩目的成果。

2. 控制噪声传播途径

控制噪声传播途径,是目前降低道路交通噪声的主要方式。控制路线距学校、医院、村庄及城镇居民区环境敏感点的距离,这是最有效的,也是最经济的噪声防治措施;在噪声传播途径中设置声屏障可以使声音产生衰减。

3. 接受者防护

对于道路交通噪声,采用接受者个人防护措施是不可行的,但可对接受者生活、工作的地点,如学校教室、医院病房和居民住宅等建筑物实施隔音降噪措施。这是被动的措施,在农村地区实施较困难,耗资也较大。

(二)噪声控制的标准

噪声防治并不是完全消除噪声,完全消除噪声是没有必要的,也是不可能的。噪声控制就是要用最经济的方法把噪声限制在某种合理的范围内,即令各种环境条件下的噪声值低于噪声标准。所谓噪声标准就是规定噪声级不宜或不得超过的限制值(即最大容许值)。在这样的条件下,噪声对人仍存在有害影响,只是不会产生明显的不良后果。

1. 城市区域环境噪声标准

我国于1993年重新颁布了《城市区域环境噪声标准》(GB 3096—93)。标准规定见表1-5-1。

城市区域环境噪声标准值[等效声级 L_{Aeq}(dB)] 表1-5-1

适用区域	类别	昼间	夜间
疗养区、高级别墅区、高级宾馆等特别需要安静区域	0	50	40
以居住、文教机关为主的区域	1	55	45
居住、商业、工业混杂区	2	60	50
工业区	3	65	55
道路干线两侧、内河航道两侧区域;铁路主、次干线两侧区域的背景噪声限值	4	70	55

ISO标准中建议A级35～45dB作为区域环境噪声的基本标准,将区域划分为5种类型,每类区域间修正值相差5dB。

2.机动车辆噪声标准

1979年我国颁布的《机动车辆允许噪声标准》(GB 1496—79),对机动车辆的噪声作检验控制,标准规定见表1-5-2。

机动车辆噪声标准 表1-5-2

车辆种类		加速最大A声级(7.5m处)(dB)	
		1985年1月1日前生产的	1985年1月1日后生产的
载重车	8～15t	92	89
	3.5～8t	90	86
	3.5t	89	84
轻型越野车		89	84
公共汽车	4～11t	89	86
	4t	88	83
小客车		84	82
摩托车		90	84
轮式拖拉机(44kW以下)		91	86

国际上各国都有一系列噪声标准,有国标、部标及地方标准等,需要时可参阅有关资料。

(三)工程施工对声环境影响与防治

1.工程施工对声环境的影响

随着公路、铁路(含轻轨)建设的迅速发展,交通噪声引起的扰民纠纷日益突出。在交通工程施工过程中,噪声主要为机械噪声、施工作业噪声和施工车辆噪声。施工机械包括装载机、平地机、压路机、推土机、摊铺机、搅拌机、发电机、空压机等,造成的噪声主要影响施工现场的工作人员及附近的居民,振动影响为附近的结构物。有关公路工程机械噪声测试值见表1-5-3;沥青混凝土搅拌站噪声测试值见表1-5-4。

公路工程机械噪声测试值 表1-5-3

序号	机械类型	型号	测点距施工机械距离(m)	最大声级L_{max}(dB)
1	轮式装载机	ZL40型	5	90
2	轮式装载机	ZL50型	5	90
3	平地机	PY160A型	5	90
4	振动式压路机	YZJ10B型	5	86
5	双轮双振压路机	CC21型	5	81
6	三轮压路机		5	81
7	轮胎压路机	ZL16型	5	76
8	推土机	T140型	5	86
9	轮胎式液压挖掘机	W4-60C型	5	84
10	摊铺机(英国)	fifond311ABG CO	5	82
11	摊铺机(德国)	VOGELE	5	87
12	发电机组(2台)	FKV-75	1	98
13	冲击式钻井机	22型	1	87
14	锥形反转出料混凝土搅拌机	JZC350型	1	79

沥青混凝土搅拌站噪声测试值 表1-5-4

序号	搅拌机型号	测点距施工机械距离（m）	最大声级 L_{max} [dB(A)]
1	Parker LB1000型（英国）	2	88
2	LB30型（西筑）	2	90
3	LB2.5型（西筑）	2	84
4	MARINI（意大利）	2	90

2. 工程施工对声环境的防治

工程施工期所产生的噪声属于短暂型的污染源，也就是施工不进行就不会产生噪声问题，具体措施如下：

（1）采用低噪声施工机械，限制强噪声的施工机械施工时段。比如噪声施工尽量避开夜间施工或制订施工计划时尽可能避免大量高噪声设备同时施工；当路中心线50m内有建筑物的路基施工路段，应针对振动式压路机作业提出施工监控措施或替代作业方式。

（2）在敏感点附近施工时，要主动与施工路段附近的敏感点如学校、住宅区、单位协商，对施工时间进行调整或采取其他措施，尽量减小施工噪声对居民、生活和工作的干扰。必要时要设置临时声屏障。料场、拌和场、沥青搅拌站等也应离开敏感点不小于100m的距离。

（3）施工便道应远离敏感点，尽量避免穿越居民集中区。

（4）注意机械保养，使机械保持最低声级水平；按劳动卫生标准控制工人工作时间，安排工人轮流进行机械操作，减少接触高噪声的时间；对在声源附近工作时间较长的工人，发放防声耳塞、头盔等，对工人进行自身保护。

（5）地方道路交通高峰时间段应停止或减少运输车辆通行。

（四）交通运输噪声污染控制

运营期对声环境的影响主要来自于交通噪声。

1. 车辆噪声的构成

机动车辆在道路上行驶辐射的噪声（简称行驶噪声），主要由动力噪声和轮胎噪声两部分构成。

（1）动力噪声

车辆动力噪声（又称驱动噪声）主要指动力系统辐射的噪声。发动机系统是主要噪声源，包括进气噪声、排气噪声、冷却风扇噪声、燃烧噪声及传动机械噪声等。

动力噪声的强度主要取决于发动机的转速，与车速有直接关系，噪声强度随车速增大而增强。此外，车辆爬坡时，随着路面纵坡加大动力噪声也增大。

（2）轮胎噪声

轮胎噪声是指轮胎与路面的接触噪声，又称轮胎-路面噪声。它由轮胎直接辐射的噪声和由轮胎激振车体产生的噪声构成。轮胎直接辐射的噪声，按其机理主要包括轮胎表面花纹噪声（空气泵噪声）和轮体振动噪声，还有在急转弯和紧急制动时与路面作用下产生自激振动噪声等。轮胎噪声的大小与花纹构造、路面特性（材料构造、路面纹理）及车速有关，且主要取决于车速，其强度随车速的增大而增大。

2. 噪声控制的步骤

噪声控制，一般应按下列步骤制订噪声的控制方案：调查噪声源现状，测定噪声级；确定噪声标准,根据使用要求与噪声现状,确定可能达到的噪声标准及所需降低的噪声级;选择控制措施方案。通过必要的设计与计算(有时需进行实验),同时考虑其技术、经济的可行性,确定控制方案。根据实际情况,可以采用一种措施,也可以采用多种措施相结合。

公路施工项目中噪声如何控制,取决于噪声预测模式中各参数的确定。公路交通噪声级计算公式如下:

$$L_{Aeqi} = L_{oi} + 10\lg\left(\frac{N_i}{TV_i}\right) + \Delta L_{距离} + \Delta L_{地面} + \Delta L_{障碍物} - 16 \quad (1\text{-}5\text{-}1)$$

$$L_{Aeq交} = 10\lg[10^{0.1L_{Aeq大}} + 10^{0.1L_{Aeq中}} + 10^{0.1L_{Aeq小}}] + \Delta L_1 \quad (1\text{-}5\text{-}2)$$

式中:L_{Aeqi}——i 车型,通常分为大、中、小 3 种车型,车辆的小时等效声级,dB;

$L_{Aeq交}$——公路交通噪声小时等效声级,dB;

L_{oi}——该车型车辆在参照点(7.5m 处)的平均辐射噪声级,dB;

N_i——该车型车辆的小时车流量,辆/h;

T——计算等效声级的时间,取 $T = 1h$;

V_i——该车型车辆的平均行驶速度,km/h;

$\Delta L_{距离}$——距噪声等效行车线距离为 r 的预测点处的距离衰减量,dB;

$\Delta L_{地面}$——地面吸收引起的交通噪声衰减量,dB;

$\Delta L_{障碍物}$——噪声传播途径中障碍物的障碍衰减量,dB;

ΔL_1——公路弯曲或有限长度段引起交通噪声修正量,dB。

公路交通噪声预测模式适用于双向六车道及以下的高速公路、一级公路和二级公路,其他公路可做参考。预测点在距噪声等效行车线 7.5m 以外,车辆平均行驶速度在 48~140km/h 之间。

3. 防治措施

由于噪声预测模式是在统计情况下建立的,实际应用时与交通量预测、车速分布、车型比等均有很大关联,特别是因线位调整导致环境敏感点(目标)距离的改变非常普遍,因此,根据模式预测精度分析和公路竣工验收实测数据分析,初期环境噪声预测值超标准 3dB 以下者,以初期进行环境噪声监测,适时实施防治措施为宜;初期环境噪声预测值超标准 3dB 时,应确定初期噪声防治措施及费用估算,可选择的噪声防治措施如下:

(1)降低声源噪声辐射

为了降低声源噪声辐射,应从公路选线、低噪声路面设计和车辆设计方面着手。

①公路选线。

在公路规划设计阶段条件允许时优先采取调整公路线位,具体做法就是精心选线,充分考虑避开城镇、人文景观、风景名胜、学校等噪声敏感点。采取近而不入的原则,既方便居民生活,又避免交通噪声带来的污染。设计中应对公路建设项目可行性研究确定的路线的周围环境作详细调查,以公路距离第一排建筑物的距离作为最小距离,对于居民区来讲,如果路两侧 30m 内 50 户以上作为环境敏感点来对待,从经济考虑一般采用路线避让,如果住户较少,则采用拆迁。线位调整的距离应依据公路建设项目影响报告书交通噪声预测结果,参考预测的路边交通噪声级,按距离倍减量 3~4.5dB 计算。

一般公路中心线距居民聚居区应大于 100m,距医院、疗养院、学校等环境敏感区域应大于 200m,若是达不到这个要求,就必须采用其他环境保护手段,必须使周围区域达到国家要求的标准。

②低噪声路面设计。

在条件允许时优先采取低噪声路面。对于轮胎-路面噪声的研究,起步最早的是欧洲(如瑞典、德国等),特别是在轮胎-路面噪声的理论、预测模型以及轮胎-路面噪声的标准等方面,取得了丰硕的成果。为了降低轮胎和路面之间摩擦产生的噪声,目前国外采用了以下几种可减小噪声的混凝土路面。

a. 多孔混凝土路面。

多孔混凝土由最大粒径为 8~10 mm 的间断级配碎石和 1 mm 以下的砂组成,空隙率约为 20%~25%。通常还用在双层式混凝土面层的上层,厚度在 4~5 mm 以上。薄多孔层主要吸收高频率的噪声,厚多孔层主要吸收低频率的噪声。与普通水泥混凝土面层相比,多孔混凝土约可降低轮胎-路面噪声约 6dB,而且空隙率越大、多孔层越厚、集料粒径越小,噪声水平降低得越多。

国外的研究资料表明:在日本,多孔隙沥青混凝土路面与普通沥青混凝土路面相比,对小汽车可降低 5~8dB,在法国为 4dB,英国为 4~4.5dB。对于载货汽车,在日本可降低 3dB,在法国为 7dB。可见多孔隙沥青混凝土路面具有显著的降噪效果。该方法的优点是由于混合料孔隙率高,不但能降低噪声,还能提高排水性能,在雨天能提高行驶的安全性。局限性是耐久性差,集料、黏结料要求高,使用一段时间后,孔隙易被堵塞。

b. 细槽型混凝土路面(见图 1-5-1)。

它是经过特殊处理的水洗混凝土。"细槽型混凝土"的具体生产过程是这样的:先做出普通的水洗混凝土路面,然后再用刷子刷它的表面,把上面的添加物刷掉。这样处理之后,便会出现一个平整的路面,没有很明显的上下起伏,或者是坑坑洼洼。随后,修路者再在这样的表面上纵向铣出一道道的细槽。这些细槽的作用是,车轮滚压过来的时候,空气可以流进去;车轮滚走以后,空气又可以被放出来。这样,生成噪声的排气效应便会有所缓解。此外,这

图 1-5-1 细槽型混凝土

种混凝土的造价要低于"空隙型混凝土",也更容易铺设。声学专家认为,这种纵向沟堑的筑路方式,对卡车运输特别有利。

目前,国内已有少数研究单位、高等院校开展了多孔隙沥青混凝土和超薄沥青混凝土的研究。如 1996 年同济大学在浙江萧山等地,铺设了多孔隙降噪试验路段 4400m², 交通部公路科学研究所与济青高速公路管理局和山东省交通科学研究所合作,于 1999~2000 年在济青高速公路上铺设了近 8000m² 超薄沥青混凝土路面,都达到了比较好的降噪效果。

天津市高新技术产业园区正在向全国推广一种高科技项目——用废旧轮胎做成沥青,用它铺路可以降低公路噪声 25% 左右,同时还大大提高了车辆行驶的安全性。目前,轮胎沥青(图 1-5-2)已在天津市顺驰桥和快速路上使用,平均一个普通汽车废轮胎可铺一平方米路面,变废为宝实现了资源的循环利用。

③车辆设计。

机动车辆在道路上行驶辐射的噪声(简称行驶噪声),主要由动力噪声和轮胎噪声两部分构成。

由于车辆轮胎胎面有各种不同的花纹,在轮胎滚动时,和地面接触处的花纹与路面形成

小空腔。当汽车高速行驶,轮胎和地面相互作用时,轮胎表面花纹里面的空气被高速挤压,并从轮胎与地面之间的缝隙排出,形成喷射噪声,也称轮胎噪声(图1-5-3)。

动力噪声主要取决于车辆的发动机,国外对降低发动机噪声的研究非常重视,特别是轿车柴油机的降噪减振研究很突出。我国内燃机的噪声水平与发达国家相比有较大的差距,一般要高出A声级3~9dB。为了降低噪声,一些大型汽车上安装了发动机罩盖和底壳,这些装置的应用领域正不断扩大并同时开发其他抑制装置。

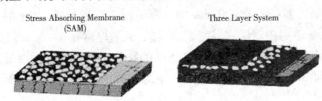

图1-5-2　橡胶沥青作为SAM、SAMI在旧路改造中使用示意图

据统计,城市噪声中交通运输噪声约占75%,其中机动车影响面最广,而汽车则是最主要的因素,因此一些工业发达的国家早在20世纪60年代就对机动车噪声给予了足够的重视,并制定了有关法规和标准。在瑞典,政府根据汽车发动机发出噪声量的大小,收取不同的环境保护防治费,以引导人们购买低噪声发动机汽车,同时降低允许噪声标准。

由此可以看出,要降低路面的噪声,一方面要研究发动机和外胎花纹的构造,从改良发动机或者改变轮胎的外胎花纹来降低行车时的噪声;另一方面要优化路面结构和材料,通过改变行车条件解决噪声问题。

(2)控制噪声传播途径

①声屏障技术。

声屏障是在声源和受声者之间插入一个设施,使声波传播有一个显著的附加衰减,从而减弱受声者所在的一定区域内的噪声影响。

采用构筑声屏障是目前应用比较广泛的降噪方式,通常适用于公路距环境敏感点较近,用地受限且环境噪声超标5dB以上时可采用声屏障(图1-5-4)。

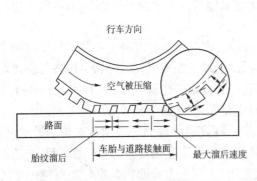

图1-5-3　轮胎噪声形成示意图

图1-5-4　声屏障

声屏障降噪主要是通过声屏障材料对声波进行吸收、反射等一系列物理反应来降低噪声。在路堤地段声屏障应设在靠近声源处,声屏障内侧距路肩边缘不宜大于2m,路堑地段宜设在靠近坡顶1.5~2.5m处,桥梁地段可结合护栏一并设置。设置时声屏障的高度不宜超过5m,当噪声衰减需要声屏障高度超过5m时,可将声屏障的上部做成折形或弧形,将端

部伸向公路,以增加有效高度。声屏障的外延长度不宜小于受保护对象到声屏障距离的2倍,当声屏障长度大于1km时,应设紧急疏散口。

声屏障按其结构外形可分为直壁式、圆弧式;按降噪方式可分为吸收型、反射型、吸收-反射复合型;按其材质可分为轻质复合材料、圬工材料等。由于声屏障的类型各异,所以在降噪效果、造价、景观方面各有特点。因此,在选用声屏障时,应根据受声点的敏感程度、当地的经济状况、自然环境来合理选择适用的声屏障类型。该方法的优点是节约土地,降噪效果比较明显。局限性是长距离的声屏障使行车有压抑及单调的感觉,造价较高,如使用透明材料,又易发生眩目和反光现象,同时还要经常清洗。

目前,国际上最先进的声屏障材料为泡沫陶瓷。发达国家如美国、日本、德国和澳大利亚等在高架桥和高速公路两边修建的泡沫陶瓷消音屏障,取得了非常好的降音效果。比我国传统的声屏障材料如超细玻璃棉、矿棉等无机纤维类材料,泡沫陶瓷具有良好的声学性能、力学性能、耐候性、防火性等特点,性价比高,安装维护简单,是未来吸声材料的发展方向。目前,北美多采用不留痕迹的自然隔声设计,使环境敏感目标处于噪声影响之外,如采用下穿路基设计、隔声土堤设计等。利用路基边坡、土堤作为天然隔声屏障,既避免了公路两侧有碍于景观的环境保护措施,又体现了沿线自然优雅的人文景观。

②种植降噪绿化林带。

在公路两侧植树绿化(图1-5-5),是防治交通噪声的有效措施之一。选择合适树种、植株的密度、植被的宽度,可以达到吸纳声波、降低噪声的作用。同时绿化林带还可以起到吸收二氧化碳及有害气体、吸附微尘的作用,能改善小气候,防止空气污染,截留公路排水、防眩和美化环境等作用。该方法的优点是生态效益明显,局限性是占地较多,早期降噪效果不显著。

在交通噪声超标的公路两侧应结合自然环境、公路景观、水土保持规划等种植隔声绿化带,宽度不宜小于10m,长度不应小于环境敏感点沿公路方向的长度,并根据当地自然条件选择适宜当地气候、土质的乔木或灌木(乔木高度不宜低于7m,灌木不宜低于1.5m),既美化

图1-5-5 降噪绿化林带

环境,又将公路与周围自然景观融合,这是公路运营期消除噪声最有效的措施。

③合理利用微地形。

利用土丘、山冈降低噪声。路线布设时,尽可能利用地貌地物做声障。如图1-5-6将路线布设在土丘外侧,使村舍处于声影区。

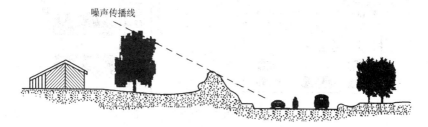

图1-5-6 利用土丘做声障示意图

利用路堑边坡降低噪声。图1-5-7所示为路堑边坡对噪声传播的声障作用。对于环境敏感路段,采用路堑形式能起到噪声防治效应。

利用构筑物或建筑物降低噪声。构筑物如土墙、围墙、沿街的商务建筑和其他不怕噪声干扰的建筑(如仓库等)能起到很好的降噪作用。另外,由于学校声环境质量比村庄居住区的要求高,当路线布设在村舍一侧,能满足住区的环境噪声标准时,亦保护了学校的声环境质量(图1-5-8)。

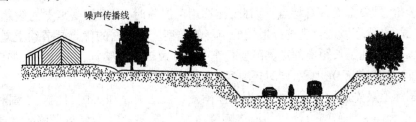

图1-5-7 利用路堑做声障示意图

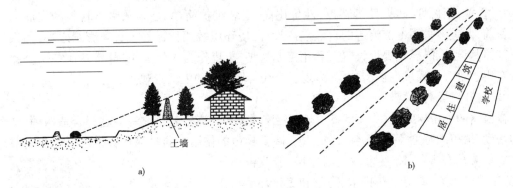

图1-5-8 利用建筑物降噪平面布置示意图
a)利用土墙做声屏障;b)利用建筑物降噪平面布置

(3)接受者防护

①开发商在条件允许时优先采取调整建筑物使用功能。

城市道路两侧应布置商业、工贸、办公等建筑,以起声屏障作用。如临街建住宅时,在临路侧布置厨房、厕所等非居住用房。如果道路为南北向时,将住宅等敏感性建筑的端面(山墙)朝街(图1-5-9)以减少噪声干扰。

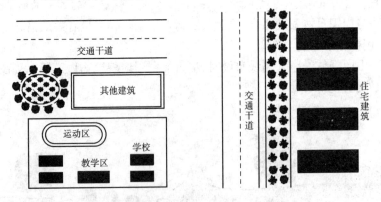

图1-5-9 道路与建筑的合理布置示意图

②加强隔音设施。

建筑物隔声措施通常适用于敏感建筑物分布较分散或采取声屏障措施后环境噪声仍超标时采取,其主要措施有封闭阳台、设置双层窗、封闭外走廊、加设外墙等。

③敏感建筑物。

在条件允许时优先采取敏感建筑物搬迁。在无其他可行防治措施,且受影响人群能接受时,采用经济补偿。

(五)行车振动

在我国交通振动已经成为新的环境公害之一,并且其影响范围正在逐步扩大。目前,由交通引起的振动越来越受到广泛的关注。交通振动所引起的振动公害已被列为世界七大环境公害之一。

交通振动是指因交通车辆引起的结构振动通过周围地层(地下或地面)向外传播,进一步诱发附近地下结构以及邻近建筑物(包括室内家具等)的二次振动和噪声。交通振动会对建筑物特别是古旧建筑物的结构安全以及其中的居民和工作人员的工作、日常生活产生很大的影响。过去城市建筑群相对稀疏,交通车辆引起的振动对周围环境的影响未能引起人们的注意。而现在随着城市建设的迅猛发展,高架道路、轻轨、地下铁道使得我们整个城市形成了一个立体的交通网,从空中、地面到地下逐步深入到城市中的居民点、商业中心和工业区。同时,伴随着交通密度的不断增加、交通负荷的逐渐加重,振动和噪声所造成的影响也日益显著。

振动通过人体各部位与振动体接触而产生作用,根据振动作用范围的不同,对人体的影响可分为全身振动和局部振动。全身振动是指人体直接站(或坐)在振动体上所受的振动;局部振动是指人体只有部分部位(如手)与振动体接触所受的振动。由于道路交通振动激起的是地面振动,所以对人体的影响是全身的,车内的乘客振动亦是全身的。

振动对人体的影响与振动的频率、振幅或加速度、受振动作用的时间以及人的体位等方面的因素有关。

1. 城市区域环境振动标准

振动容许标准有以下两类:

(1)关于人的健康所建立的标准。

(2)关于机器设备、房屋建筑及特殊要求(如天文台、文物古迹等)所制定的标准。

下面介绍关于人的健康所建立的标准。

我国于1988年颁布了《城市区域环境振动标准》(GB 10070—88),目的是控制城市环境振动污染。标准规定的振级值见表1-5-5,表中给出的是铅垂向Z振级容许值,即各个区域的Z振级不得超过表中的限值。

各类区域铅垂向Z振级标准　　　　　表1-5-5

适用地带范围	昼 间	夜 间
特殊住宅区:特别需要安静的地区	65	65
居民、文教区:纯居民区和文教、机关区	70	67
混合区、商业中心:一般商业与居民混合区、工业、商业、少量交通与居民混合区	75	72
工业集中区:城市或区域内规划明确确定的工业区	75	72
交通干线道路两侧:车流量每小时100辆以上的道路两侧	75	72
铁路干线两侧:每日车流量不少于20辆的铁道外轨30m外两侧的住宅区	80	80

2. 道路交通振动防治

道路交通激振引起道路两侧地表振动,会给人体、建筑、精密设备和文物等产生影响。道路交通振动的防治较为困难,根据国际、国内经验,道路交通振动防治可以采取下列措施。

(1) 控制道路与敏感点的距离

振动在地面传播时,其振动强度随传播距离衰减较快。一般情况,道路交通振动传至距路边30m左右便不会有太大的影响,传至50m便可视为安全。对于有特殊要求的敏感点,如天文台、文物古迹等,可根据相应的振动标准控制路线距这些地点的距离,这是唯一可行的措施。

(2) 降低道路交通振动强度

①提高和改善平整度。由于路面的不平整是道路交通振动的主要激振因素,因而提高和改善路面的平整度是降低道路交通振动的主要措施。

②研究采用有橡胶树脂的沥青混凝土防振路面。

(3) 防振沟

一般的隔振系统用质量块、弹簧和阻尼器构成,以减弱振动源向基础(地基)传递振动。对于道路交通振动,一般的隔振措施显然是不可行的。

防振沟是在振动源与保护目标之间挖一道沟,以隔离地面振动的传播,所以又叫隔振沟。一般防振动的宽度应大于60cm,沟深应为地面波波长的1/4(在低频时波长较长,如$f=10Hz$时,波长可达数百米),因此防振沟深度应在被保护建筑物基础深度的两倍以上。为了有效地隔离道路交通振动,防振沟的长度应大于保护目标沿道路方向的长度,有时需在保护目标的周围挖一圈防振沟。防振沟内最好不填充物体而保持空气层,但实际中较难实现,通常是填充沙砾、矿渣或其他松散的材料。需注意防振沟内如被填充坚实或者灌满水将会失去隔振作用。

由上述可见,防振沟本身是一项比较艰巨的工程,因此,只有在特别需要时才采用,一般情况不宜采用。

二、环境空气污染防治

【思考】请分析城市公路交通对大气环境的污染产生的原因,并提出合理化建议。

(一) 公路施工对大气环境的影响与防治

公路施工期污染物的排放相对简单,主要有粉尘和沥青烟气,对环境空气的影响相对较小。公路在施工阶段对环境空气的污染主要来自于以下环节:

(1) 施工活动中的灰土拌和、沥青混凝土拌和以及车辆运输等产生的扬尘。

(2) 沥青混凝土制备过程及路面铺洒沥青等产生的沥青烟气(土、石和混凝土路面无此项)。

根据公路施工对大气环境的影响应采取相应的防治对策。

1. 扬尘的影响和防治

在公路建设项目的施工期,平整土地、打桩、铺筑路面、材料运输、装卸和搅拌物等环节都有扬尘发生,其中最主要的是运输车辆公路扬尘和施工作业扬尘。

(1) 运输车辆公路扬尘

施工期内车辆运输引起的公路扬尘约占场地扬尘总量的50%以上。公路扬尘的起尘量与运输车辆的车速、载质量、轮胎与地面的接触面积、路面含尘量、相对湿度等因素有关。根据同类项目建设经验,施工期施工区运输车辆大多行驶在土路便道上,路面含尘量高,公路扬尘比较严重,或装运过饱满等原因造成的抛撒,以及车辆身后真空吸力造成的公路扬尘。特别是在混凝土工序阶段,灰土运输车引起的扬尘对道路两侧影响更为明显。据有关资料,干燥路面在距路边下风向50m,TSP浓度约为10mg/m³;距路边下风向150m,TSP浓度约为5mg/m³。

(2)施工作业扬尘

各种施工扬尘中,以灰土拌和所产生的扬尘最严重。灰土拌和有路拌和站拌两种方式。在采取路拌方式时,扬尘对周围环境空气的影响时间比较短,影响程度也较轻,但影响的路线较长;而采用站拌方式时,扬尘影响相对集中,但影响的时间较长,影响程度较为严重。

材料(石灰、粉煤灰等)的露天堆放、混合料的搅拌等引起的灰尘,扬尘不仅会严重影响施工公路和施工便道沿线居民的生活及环境卫生,还能增加大气浮尘含量,给沿线农作物带来不良影响。如表1-5-6、表1-5-7中列举的某公路施工道路扬尘和灰土拌和扬尘监测结果。

某公路施工道路扬尘监测结果　　　　　表1-5-6

监测地点	尘源类型	尘源下风距离(m)	TSP浓度(mg/m³)
某段路边	道路扬尘	50	11.625
		100	10.694
		150	5.039

某公路施工期灰土拌和扬尘监测结果　　　　　表1-5-7

监测地点	灰土拌和方式	风速(m/s)	尘源下风距离(m)	TSP浓度(mg/m³)
某立交桥匝道上	路拌	0.9	50	0.389
			100	—
			150	0.261
某灰土拌和站	集中拌和	1.2	50	8.849
			100	1.703
			150	0.483
某灰土拌和站	集中拌和	—	中心	9.840
			50	1.970
			100	0.540
			150	0.200

(3)扬尘的防治

出入料场的公路、施工便道以及未铺装的公路应经常洒水,以减少粉尘污染。路基施工时应及时分层压实,并注意洒水抑尘。

粉状材料运输应灌装或袋装,禁止散装运输,严禁运输途中扬尘、散落。堆放应用篷布遮盖,运至拌和场应尽快与黏土混合,减少堆放时间。

筑路材料堆放点应选在环境敏感点下风向,距离应大于100m。堆放时应采取防风措施,必要时设置围栏,并定时洒水防止扬尘。

灰土拌和尽量采用站拌方式,但要慎重选择地址。拌和站应远离环境敏感点,并采取先进的除尘设施,距离应大于200m。

混合料拌和宜采用集中拌和方式,拌和站距环境敏感点的距离不宜小于200m,并应设置在当地施工季节最小频率风向的被保护对象的上风侧。

2.沥青烟的危害和防治

(1)沥青烟的危害

公路路面施工阶段,沥青烟气主要出现在沥青裂变熬炼、搅拌和路面铺设过程中,其中以沥青熬炼过程中沥青烟气排放量最大。沥青烟气中主要有毒有害物质是THC、酚和3.4-苯并芘等,是由100多种有机化合物组成的混合气体,其中大部分是多环芳烃,尤以苯并芘对动植物及人体危害最大。在沥青熔化、摊铺、碾压过程中将有大量悬浮物存在,而且路面沥青铺设完后,一定时期(约三个月)内还会有挥发性有机物释放出来,其释放强度与固化速度有关。

目前,公路建设均采用设有除尘设备的封闭式厂拌工艺,用无热源或高温容器将沥青运至工地,因此沥青烟气的排放浓度较低,对周围环境影响较小。

(2)沥青烟的防治

沥青混合料应集中场站搅拌,其设备污染物排放应符合现行《大气污染物综合排放标准》(GB 16297—1996)的规定;搅拌场(站)应设在开阔、空旷的地方,搅拌场站距环境敏感点的距离不宜小于300m,并应设置在当地施工季节最小频率风向的被保护对象的上风侧。采用先进的沥青混凝土拌和装置,配备除尘设备、沥青烟净化和排放设施。沥青的融化、搅拌均在密封的容器中进行,不得使用敞开式简易方法熬制沥青,搅拌站为操作人员配备口罩、风镜等,实行轮班制。

(二)交通运输对大气环境的影响与防治

1.运营期对空气环境质量的影响

运营期主要是汽车尾气和汽油挥发对沿线大气环境的影响。车辆排气中主要污染物是烟尘、一氧化碳和铅等,运营期大气污染源类型属分散、流动的线源。排放源高度低,污染物扩散范围小。因车流量变化,一般白天污染重于夜间,下风向一侧污染重于上风向一侧,静风天气重于有风天气。污染物排放量随燃油类型、车型、耗油量而变化,一般重型车多于中、轻型车。汽车产生的铅污染主要有油料完全燃烧后产生的无机铅化合物和汽油挥发、泄漏及不完全燃烧而使油中作为抗爆剂的四乙基铅排入大气,而且汽油直接挥发比燃烧过程产生的铅化合物浓度要高。铅化合物主要呈气态扩散,扩散高度一般不超过50m。由于在近地面空气中铅化合物光解和热解的速度缓慢,因此随汽车尾气排出的铅化合物可长期滞留在大气中,形成持续性污染,具弥漫性质。

2. 运营期大气污染的防治

针对汽车造成的空气污染,应采取如下措施予以防治。

(1)改进汽车燃料

为防治汽车尾气污染,世界各国都在寻找不产生空气污染的汽车新能源,如将产生污染的燃油、天然气等能源改变为不产生污染的太阳能、风能、电能等能源。现已获得试验成功的新能源有太阳能和电能。欧、美、日的太阳能汽车和电力汽车已试验成功,但将这类汽车作为商品需要一定的时间。我国也在积极研制新能源汽车,清华大学研制的太阳能汽车已试验成功,标志我国汽车新能源研究已跻身于世界先进之列。另外将汽车现在能源燃油改为污染物产生量小的天然气、石油液化气、甲醇、氢气燃料也都在不同程度的研究实验中。

(2)改良汽车性能

可以通过改造发动机结构和相关系统来控制油料的蒸发排放达到控制污染的目的。

①分层燃烧系统。

汽油发动机基本上是均匀混合气的燃烧,空燃比的变化范围较窄,通常是 10~18 范围内变化。所谓空燃比是指混合气中空气和燃料的质量之比。在分层燃烧系统中,使进入气缸的混合气浓度依次分层,在火花塞周围充有易于点燃的浓混合气。这样,燃烧室内总的空燃比平均在 18:1 以上,以减少 CO 和 NO_x 的排放量。

②均质稀燃技术。

均质稀燃技术是对现有发动机稍作改进,如改进燃烧室的形状、结构,以改善混合气的形成和分配。实现该技术的实例有丰田的扰流发生管罐,三菱的喷流控制阀系统及火球型燃烧室等,这些实例的共同特点是在实现稀混合气稳定燃烧的同时,力求增大燃烧速率,以实现快速燃烧,获得高的热效应和降低排污量。

③汽油直接喷射技术。

发动机采用汽油喷射系统的最大优点是使各缸的喷油量非常均匀,并且能按照发动机使用状态和不同情况,精确地供给发动机所需的最佳混合气空燃比。它可以在较稀的混合气条件下工作,从而减少 HC 和 CO 的排放量。试验结果表明,该技术还可以提高功率约 10%,节省燃料约 5%~10%,因此,它得到了实质性的发展,特别是电子控制式汽油喷射系统的采用,每缸的喷油量控制得精确,混合气空燃比控制得更严格,使 HC 和 CO 的排放量最少。但 NO_x 的排放量接近最大值,再采用消除 NO_x 的机外技术,可以获得降低 CO、HC、NO_x 排放量的效果。

④电子控制发动机。

电子控制发动机系统主要控制的参数是混合气的空燃比和点火正时,也可以控制二次空气喷射及废气循环等,从而减小 CO、NO_x 排放量。

(3)控制汽车尾气。

当对发动机本体进行改进,尚不能符合汽车排气标准时,可加装机外净化装置,使其符合汽车排气标准要求。机外废气净化装置有多种,下面对主要的几种简介如下。

①二次空气喷射。

二次空气喷射是用空气泵把空气喷射到汽油发动机各缸的排气门附近,借助于排气的高温使喷射空气中的氧和废气中的 HC、CO 相混合后再燃烧,以降低 HC 和 CO 的排放,达到排气净化的目的。

②热反应器。

热反应器通常与二次空气喷射技术一起作用。热反应器是由壳体、外筒和内筒3层壁构成。壳体与外筒之间填有绝热材料,使热的反应器内保持高温,以利用HC和CO的再燃烧;由喷管向排气门喷射第二次与排气相混合后进入热反应器的内筒及热反应器的心部,利用热反应器和排气的高温,使HC和CO的燃烧变为无害物质。

③氧化催化反应器。

氧化催化反应器是具有很大表面并具有催化剂的载体。当汽车排气经过反应器时,排气中的HC和CO在催化剂的作用下可以在较低的温度下与O_2反应,生成H_2O和CO_2,从而使排气得到净化。由于所用催化剂为贵重金属铂和钯,使该方法的应用受到了限制,在20世纪70年代,发现用稀土金属做催化剂也可取得良好的效果,给氧化催化反应器的实际应用带来了希望。

④三元催化反应器。

三元催化反应器是一种能使CO、NO和HC三种有害成分同时得到净化的处理装置。这种反应器要求把空燃比精确地控制在理论空燃比的最佳范围内,以实现同时对三种有害成分的高效率净化。为做到这一点,将三元催化反应器与电子计算控制系统结合使用,该反应器净化效率高,但成本费用大,只适用于汽油发动机。

(4)加强交通管理。

为减少公路交通对环境空气的污染,应从以下几方面加强和改进对公路交通的管理:

①加强对公路的养护,使公路保持平整,保证汽车在良好的路况下行驶,减少排放有毒气体。

②加强汽车保养管理,以保证汽车安全和减少有害气体的排放量。

③制定各种机动车辆的废气排放标准,控制机动车辆的废气排放量。

④限制拖拉机、载重柴油车在城市市区公路上行驶。

⑤取消公路上各种关卡和收费站(以其他收费方式取代),减少车辆的怠速状态。

⑥改善城市交叉口的通行条件和交通干道的通行条件,以减少有害物质的排放。

⑦加强油料质量管理,防止产生严重污染的劣质油料上市。

⑧公路宜结合景观绿化设计,选择有吸附或净化能力,且适合当地气候、土壤条件的草木、灌木和乔木栽植绿化林带减轻空气污染。在用地许可时,可种植多层次的绿化林带。

三、水环境污染防治

【案例】假设一条铁路穿过一条河流和一个含水层地区(图1-5-10),铁路段X_r(或Z点上游河流汇水区的任何地方)中的任何泄漏都将会威胁到Z点的水质。铁路中任何泄漏段X_a(或是穿过含水层的任何地方)会威胁到下游方向抽水井W的水质。在这一特例中,含水层和河流均处于危险的阴影区,可能会发生污染事故。特别是由于地表水和地下水的相互影响,以及地下水中潜水层和承压水层的相互作用。

【思考】在该铁路的施工和运营过程中,如何减少对周围水体的影响?

自然环境对污染物质都具有一定的承受能力,即环境容量。水体能够在其环境容量的范围以内,经过水体的物理(稀释、混合、扩散、沉淀等)、化学(氧化、还原、中和等)和生物化学过程(污染物中的有机物在水中微生物的代谢下被分解、氧化转换成无害的无机物)的作用,使排入的污染物质的浓度和毒性随着时间的推移及水在向下游流动的过程中自然降低,称为水体的自净作用。

水体污染是指排入水体的污染物在数量上超过了该物质在水体中的本底含量和水体的环境容量,从而导致水体的物理特征、化学特征和生物特征发生不良变化,破坏了水中固有的生态系统,破坏了水体的功能及其经济发展和人民生活中的作用。造成水体污染的因素有如下几个方面:交通运输产生污水排入水体(主要因素);向水体排放未经妥善处理的城市污水和工业废水;施用的化肥、农药及城市地面的污染物,被雨水冲刷,随地面径流而进入水体;随大气扩散的有毒物质通过重力沉降或降水过程而进入水体等。

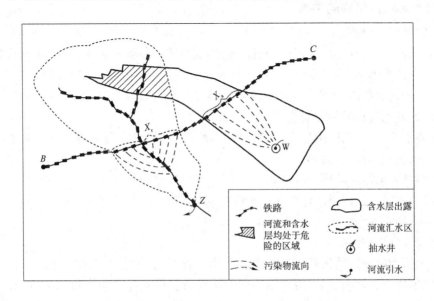

图 1-5-10　河流汇水区及铁路穿过含水层示意图

(一)水质分类标准及水质指标限值

根据《地表水环境质量标准》(GB 3838—2002),地表水水质按功能高低依次划分为5类:

Ⅰ类　主要适用于源头水、国家自然保护区。

Ⅱ类　主要适用于集中式生活饮用水地表水源地一级保护区、珍稀水生生物栖息地、鱼虾类产场、仔稚幼鱼的索饵场等。

Ⅲ类　主要适用于集中式生活饮用水地表水源地二级保护区、鱼虾类越冬场、洄游通道、水产养殖区等渔业水域及游泳区。

Ⅳ类　主要适用于一般工业用水区及人体非直接接触的娱乐用水区。

Ⅴ类　主要适用于农业用水区及一般景观要求水域。

对应地表水上述五类水域功能,将地表水环境质量标准基本项目标准值分为五类,不同功能类别分别执行相应类别的标准值。表1-5-8列举了地表水环境质量标准部分项目的标准限值。

地表水环境质量标准部分项目标准限值(单位:mg/L)　　　表1-5-8

序号	指标	Ⅰ类	Ⅱ类	Ⅲ类	Ⅳ类	Ⅴ类
1	pH值(无量纲)	6~9				
2	溶解氧(DO)≥	饱和率90%(或7.5)	6	5	3	2
3	化学需氧量(COD)≤	15	15	20	30	40
4	五日生化需氧量(BOD_5)	3	3	4	6	10
5	大肠菌群(个/L)≤	200	2000	10000	20000	40000

除此之外,还有氨氮、一些重金属含量(铅镉等)、挥发酚等。

(二)水环境污染物的类型

1. 颗粒状污染物质

砂粒、土粒、矿渣等,也就是悬浮固体。主要危害是:降低水底透光度,减少植物光合作用,降低水中的溶解氧,妨碍水体自净能力;对鱼类有危害,堵塞鱼鳃导致鱼类死亡;还可能成为一些污染物的载体,吸附一部分污染物随水东流迁移,同时影响水的清洁度。

2. 酸、碱及无机盐类的污染物

酸主要来源于工业、矿山排水,如金属加工酸洗车间、酸性造纸等。碱主要来源于化学纤维制品厂、制碱工业、炼油等。

当他们进入水体环境后,水体中的pH值将发生变化而破坏天然的缓冲作用,消灭或抑制微生物的正常生长,妨碍水体自净。水体中pH改变还将大大增加水中无机物种类合适的硬度,从而增加水的渗透压,不利于鱼类生存。

3. 富营养化物质污染

天然水体中过量的植物营养物质引起水体富营养化,使水质恶化。富营养化的物质主要有氮、磷等物质。过剩的氮、磷等植物营养物质将促进各种水生生物的活性,刺激他们异常繁殖,致使藻类在水中占据空间越来越大,水生动物空间越来越小,衰死的藻类沉积水底腐烂分解又加速水质的恶化。水体中多种藻类植物生活格局如硅藻、绿藻逐渐转化为多数有胶质膜及少数种类有毒的蓝藻。长此下去,水中溶解氧大量减少,水生动物灭绝,水质的不断腐化促进了水体向沼泽、干地方向发展。

4. 病原体污染

生活污水、畜禽饲养场污水以及制革、洗毛、屠宰业和医院等排出的废水常含有各种病原体,水体受到病原体污染会传播疾病(如痢疾杆菌、肝炎病毒、霍乱等)。

5. 需氧物质污染

生活污水、食品加工和造纸等工业废水含有碳水化合物、蛋白质、油脂、木质素等有机物质。这些物质以悬浮或溶解状态存在于污水中,通过好氧微生物的作用分解而消耗氧气,因而称为需氧污染物。这些物质使水中的溶解氧减少,影响鱼类及其他水生生物的生长。当水中溶解氧耗尽时,有机物将在厌氧菌的作用下分解,产生硫化氢、氨和硫醇等具有难闻气味的物质,使水质进一步恶化。

6. 石油污染

石油类物质在水面形成油膜,阻碍水体的复氧作用,致使鱼类和浮游生物的生存受到威胁,并使水产品的质量恶化。石油污染主要发生在海洋石油运输的事故泄漏。

7. 有毒化学物质污染

有毒化学物质主要指重金属和微生物难以分解的有机物。重金属在自然界不易消失,它们通过食物链而被富集。难分解的有机物中不少属于致癌物质。因此,水体一旦被有毒化学物质污染,其危害极大。

8. 放射性污染

放射性物质进入水体造成放射性污染。放射性物质来源于核动力工厂排出的废水,向海洋投弃的放射性废物,核动力船舶事故泄漏的核燃料,核爆炸进入水体的散落物等。受放射性物质污染的水体使生物受到危害,并可在生物体内蓄积。

9. 热污染

热污染是由工矿企业向水体排放高温废水造成的。热污染使水温升高,水中化学反应、生化反应速度随之加快,溶解氧减少,破坏了水生生物的正常生存和繁殖的环境,一般水生生物能生存的水温上限为 33~35℃。

随着交通建设速度的加快,交通运输业也得到了长足发展,汽车的保有量逐年增加,公路施工和车辆运行的排放物给水环境带来日趋严重的影响,公路水环境污染的防治迫在眉睫。

(三)公路施工对水环境的影响与防治

1. 对水环境的影响

(1)公路工程会改变地表径流的自然状态

公路的阻隔作用使地表径流汇水流域发生改变,加速水流速度,导致土壤侵蚀加剧以及下游河段淤塞,甚至导致洪水的发生。

(2)公路施工对地表水体的水文条件产生影响

公路施工弃土(渣)侵占河道,沿河而建的公路或跨越河流、湖泊的桥梁都会影响河流的过水断面、流量和流速等,使河流冲刷动能增大,是造成河岸侵蚀和发生洪水的因素之一。

(3)公路施工场地径流水对水环境的影响

公路施工过程中排放的施工废水,施工营地排放的生活污水,以及施工阶段的水土流失等因素,可能导致附近河流湖泊水质浑浊、悬浮物浓度增高;固体物质大量沉积于河底,会改变原有底栖生物环境,对水生生物造成危害;特别在施工路段附近的水源地对这种影响会更加敏感。

桥梁施工期对水环境的影响主要是向水体弃渣,向水体抛、冒、滴、漏有毒化学物品等。

2. 水环境影响的防治措施

(1)公路线位应设置在饮用水水源一级保护区以外。

(2)经过饮用水水源保护区时,应在驶入和驶出点设置警示标志牌。

(3)在饮用水水源保护区内不得设置沥青混合料及混凝土搅拌站;不得堆放或倾倒任何含有有害物质的材料或废弃物;不得在饮用水水源保护区内取土、弃土,破坏土壤植被。

(4)经过饮用水水源保护区、执行《地表水环境质量标准》(GB 3838—2002)Ⅰ~Ⅱ类标准的水体及《海水水质标准》(GB 3097—1997)中的一类海域时,路面径流雨水排入该类水体之前应设置沉淀池处理。

(5)公路桥梁跨越饮用水水源保护区、执行《地表水环境质量标准》(GB 3838—2002)Ⅰ~Ⅱ类标准的水体及《海水水质标准》(GB 3097—1997)中的一类海域时,桥面排水宜排至桥梁两端并设置沉淀池处理。

(6)控制施工场地径流常用的措施有设置土工布围栏和土沉淀池以及及时地实施工程各项防护工程和恢复地表植被等。

(7)公路施工期间排放的污水,应符合《污水综合排放标准》(GB 8987)的规定,集中处理后排放或用于农田灌溉。

(四)交通运输对水环境的影响与防治

交通运输过程中的主要水污染源包括生活污水、洗车废水和路面径流水。

1. 交通运输对水环境的影响

公路建成投入运营后,其服务设施将排放一定数量的污水,如服务区的生活污水、洗车台(场)的污水、加油站的地面冲洗水、路段管理处及收费站的生活污水等。生活污水的特征是水质比较稳定,色度和浑浊度高,既有恶臭,通常呈微碱性,一般不含有毒有害物质,但营养物质含量较高,并且含有一定数量的细菌(包括病原菌)、病毒和寄生虫卵。

部分公路的服务区和养护工区设有洗车、修车、加油等服务,产生一定量的含油废水,但数量较少。洗车废水所含污染物以泥沙颗粒物、石油类为主,车辆维修站排水则以石油类为主。

与公路交通有关的地表径流包括公路施工场地和路面径流。公路施工场地地表径流所含污染物以泥沙颗粒物为主。公路路面径流是具有单一地表使用功能的地表径流,所含污染物与车辆运输及周围环境状况有关。污染物来源于货物运输过程中在路面上的抛撒,汽车尾气中微粒在路面上的降落,汽车燃油在路面上的滴漏及轮胎与路面的磨损物等。污染物主要成分为固体物质、有机物、重金属和无机盐等。一般而言,城市公路路面径流所含污染物高于公路路面径流。

2. 水环境污染的防治措施

一般来说,公路路面径流不会对水体和土壤造成大面积的污染。但当公路距自然保护区、水源保护地、水产养殖区或对水质有特殊要求的水体较近时,应考虑路面径流对水环境的污染。路面排水不能直接排入这些水体,必要时可在路边设置沉淀池进行沉淀处理后排放或利用天然洼地、池塘、湿地等收集处理路面径流。路面径流水中污染物以无机颗粒为主,所含有机污染物 COD 与 BOD_5 的比值约为 6:1,可生物降解性较小,其处理应以物理法处理为主。

(1)公路路面径流污染治理

公路路面径流污染治理技术,可归纳为植被控制、湿式滞留池、渗滤系统及湿地4个方面(图1-5-11)。

①植被控制。

植被控制是一种利用地表密植的植物对地表径流中的污染物进行截流的方法,它能在地表径流输送的过程中将污染物从径流中分离出来,使到达收纳水体的径流水质获得明显改善,从而达到保护收纳水体的目的。地表的植被不但有助于减小径流的流速,提高沉淀效率,过滤悬浮固体,提高土壤的渗透性,而且能够减轻地表径流对土壤的侵蚀,是一种有效的径流污染控制方法。

植被控制包括植草渠道和地表漫流。植草渠道即在输送地表径流的沟、渠中密植草皮以防止土壤侵蚀并提高悬浮固体的沉降效率。经国外专家研究,在较为平缓的坡度(小于5%)上种植高于地面至少15cm的草,保持植草渠道内较小的流速(小于46cm/s)可取得良好的去除效率。地表漫流是在坡度较小的带状地面密植草皮使水流发散成为面流,从而过滤污染物质并提高土壤渗透性能的一种方法。

②湿式滞留池。

湿式滞留池是池中平时保持有一定的水量的滞留池,是去除地表径流污染最实用有效的方法之一。湿式滞留池的效率取决于滞留池的规模、流域面积和暴雨特征等。水在滞留池中的停留时间是影响去除效率的关键因素。滞留池去除颗粒状污染物的基本机理是沉淀,但一些滞留池对一些可溶性营养物质,如可溶性磷和硝酸盐等也有很好的去除效果。

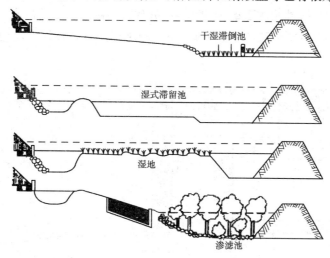

图1-5-11　干式滞留池、湿式滞留池、湿地及渗滤池

③渗滤系统。

渗滤系统是使地表径流雨水暂时存储起来,并渗透到地下的一种暴雨径流控制方法。渗滤系统可单独使用,也可与其他常规方法结合使用。渗滤系统通常包括渗坑和渗井等。设计良好的渗滤系统对路面径流中的污染物有很好的去除作用。渗滤系统适宜用于:

土壤或下层土壤有很好的可渗透性;

地下水位低于渗滤系统最低点最少3m;

径流中的悬浮固体含量少;

渗滤过程中有足够的存储空间存储地表径流。

渗滤系统设计实施主要是用于暴雨径流量的控制及地下水的补充,对径流水中污染物的去除只是附带的功能。

④湿地。

地下水位在地表或接近地表、土地被一层潜水或种植水生植被的土地,均称之为湿地。湿地是一种复杂的生态系统,通常出现在陆地与水体的交界处。其特征通常有:植物生长茂盛,对营养的需求量大,分解速率高,沉积物及生化基质的氧含量低等。

湿地是一种高效的控制地表径流污染的措施,它可以同化径流中大量的悬浮物或溶解态物质。它去除污染物的主要机理是沉淀截留和植物吸附。

路面径流污染控制技术的应用并不是单一的,在实际运用中,常常将几种方法组合使用。

（2）公路服务设施污水处理措施

①化粪池。

化粪池是污水沉淀与污泥消化同在一个池子内完成的处理构筑物,其构造简单,类似平

流式沉淀池(图1-5-12)。污水在池中缓慢流动,停留时间为12~24h,污泥沉淀于池底进行厌氧分解,污泥的储存容积较大,停留时间为3~12个月。由于污泥消化过程完全在自然条件下进行,所以效率低、历时长,有机物分解不彻底,且上部流动的污水易受到下部发酵污泥的污染。通常化粪池作为初步处理,以减轻污水对环境的污染。

②生物塘(图1-5-13)。

当公路服务设施附近有取土坑(或洼地)可以利用时,可将取土坑(或洼地)适当整修作为生物塘。生物塘是一种构造简单、管护容易、处理效果稳定可靠的污水处理方法。生物塘可以作为化粪池或双层沉淀池的后续处理,也可单独使用。各类稳定塘的主要性能参数见表1-5-9。

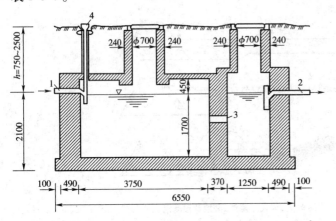

图1-5-12 化粪池示意图(尺寸单位:mm)
1-进水管;2-出水管;3-连通管;4-清扫口

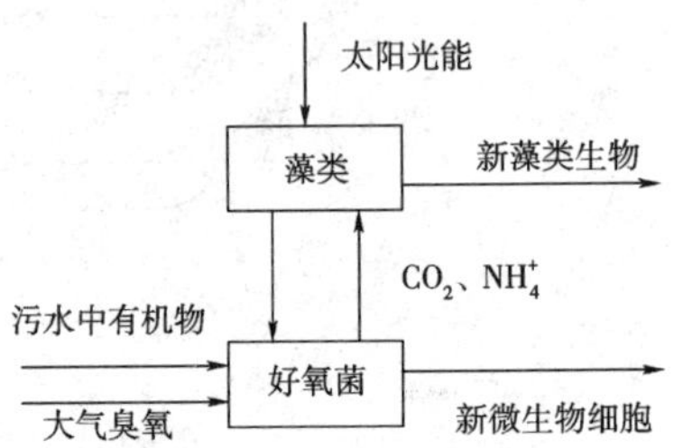

图1-5-13 生物塘(好氧塘)内藻菌共生关系

各类稳定塘的主要性能参数　　　　表1-5-9

塘型与项目	好氧塘	兼性塘	厌氧塘	曝气塘
典型BOD负荷	10~22	20~60	30~60	30~60
常用停留时间(d)	2~6	7~50	30~50	2~10
水深(m)	0.3~0.5	0.6~2.4	2.4~4.0	1.8~4.5
BOD去除率(%)	80~95	70~90	50~70	80~90
出水中藻类浓度(mg/L)	>100	10~50	0	0

污水在塘内经较长时间的停留和储存,通过微生物(细菌、真菌、藻类、原生动物等)的代谢活动与分解作用,对污水中的有机污染物进行降解,最后达到稳定。因此,生物塘又称为生物稳定塘。

③隔油池。

大型洗车场和加油站的污水,常含有泥沙和油类物质,油类不溶于水,在水中的形态为浮油和乳化油。乳化油的油滴微细,且带有负电荷,需破乳混凝后形成大的油滴才能去除。洗车场和加油站的含油污水以浮油为主,通常采用隔油池进行处理。当污水进入隔油池后,泥沙沉淀于池的底部,浮油漂浮于水面,利用设置在水面的集油管收集去除。隔油池的形式有平流式、波纹板式(图1-5-14)、斜板式等。

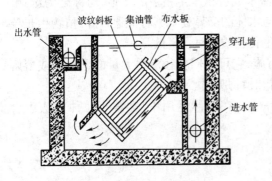

图1-5-14 CPI型波纹斜板式隔油池

关于隔油池的设计可参考有关污水处理专著。

④沿线设施污水处理措施。

沿线设施污水的处理及排放应根据受纳水体的功能确定。

沿线设施污水用于农田灌溉时，应符合现行《农田灌溉水质标准》（GB 5084—2005）的规定；当地下水埋藏深度小于1.5m时，不应使用污水灌溉。

当沿线设施污水再生利用时，其水质应满足现行《城市污水再生利用　城市杂用水水质》（GB/T 18920—2002）的要求。

学习单元六

公路社会环境保护

【案例】1998年，重庆市开工兴建渝合高速公路，该路南起重庆，北止合川，途经北碚，纵穿缙云山，设计全长57.76km，是重庆市规划的以重庆市为中心的6条放射状高速公路之一，也是国道212线的重要组成部分。高速公路的修建势必要开山架桥挖洞填沟，如按原计划修路，对素有小峨眉之称的缙云山国家级自然风景名胜区的影响可能有：

（1）因高速公路穿行于缙云山间，行于路上的汽车排放的尾气，对缙云山区的空气将造成不可避免的污染。

（2）横亘于山区的高速公路势必将该区的动（植）物群割为两块，进而改变其原有生态环境。

（3）高速路穿行缙云山间，能否与原有风光协调尚有疑问，如果不能协调的话，可能会影响风景区的观光价值，使缙云山的市场潜力降低。

为了保护北碚温泉、缙云山国家级风景名胜区，同时减少对现有地下温泉、耕地、植被的破坏，在设计中，提出了五种方案进行比选，坚持修路决不能以牺牲风景区为代价的原则，决定修改原设计方案，改变路线，采用过江架桥、穿山打隧道方式，3次横跨嘉陵江，新建跨江特大桥3座，新打隧道4座，其中尖山子隧道长达4.02km，创下重庆、乃至西南地区隧道长度之最。

这个改动，加上渝合路西南师大稀有树种保护区的绕道，渝合高速公路的新设计方案比原方案总里程增加了1km，资金投入也增加了几千万元。这在动辄宣称某某高速公路缩短了多少里程的建设理念的今天，实是难能之举，但以上措施的采用，无疑有效保护了生态环境，保住了风景区，提高了交通建设的整体形象，受到各级领导和各界人士的好评。

公路环境保护中所称的社会环境是指公路沿线范围内，人类在自然环境基础上，经过长期有意识的社会劳动所创造的人工环境。公路建设项目将对所在地区的社会环境产生显著影响，这些影响可能改变地区经济发展的方向，可能使社会结构产生变化，也会直接影响人们的生活。公路建设对社会环境的影响包括以下几个方面。

一、拆迁与安置

拆迁是指对公路用地内的建筑物和其他地表建筑物,如民房、工厂、医院、电力线、电信线、水井、坟墓、道路等由于公路占地而不得不搬迁另建或拆除的整个过程。有时,考虑公路噪声对环境敏感点(如学校、医院、疗养院等)的影响过大,环境评价单位提议并经建设单位同意,需要扩大个别敏感路段的拆迁范围,这部分拆迁工程量也应一并计入。

安置则是指对受公路工程占地和拆迁影响的人口及企事业单位采取一系列的措施和步骤,使其生活和生产在较短时间内得到恢复,并尽快提高或至少不降低原有水平的行动过程。

(1)选定路线方案时,应尽可能绕避村镇和环境敏感建筑物,避免大规模地拆迁生产厂矿或重大水利、电力等设施。

(2)当路线同环境敏感建筑物(文化古迹、重点保护对象等)等有干扰而无法避免时,应作保护与拆迁等多方案比较(如重庆渝合高速公路)。

(3)确需拆迁时,应根据国家和当地政府的有关政策提出征地补偿和安置方式等建议方案。货币补偿为现今常用的一种补偿方式。当采用安置方式时,首先需满足被安置户的合理要求并不低于拆迁安置前的水平,可采取异地集中安置与就地分散安置等不同方案。对于特殊弱势人群采用优先政策,优先进行生产安置。

二、出行与安全

公路的修建将会截断原来的行程或者交通线路,对公路沿线居民的生产和生活带来巨大不利影响,尤其是采用了入口控制或者中央分隔带的公路(如高速公路)。

公路选线时应注意行政区划、居民聚集区、学校、乡镇企业等的位置及人群流向,根据人员出行数量、出行目的以及路网布局,确定设置横向构造物(通道)的位置、规模与结构形式,并充分考虑通道内的排水、通风设计等。构造物的形式与间距应根据具体情况而定。

三、基础设施

公路建设将会对公路沿线已有的交通设施(公路、铁路、航道、管道运输)、通信设施、水利灌溉设施及电力设施等产生干扰,无法避免时将产生相互影响。

公路与已建铁路、航道、电力、电信和输油(气)管道等设施发生交叉或并行时,应采取各种保通措施。公路与原有交通设施发生相互干扰、影响时,一般采用上跨、下穿的方式通过(立交桥),在复杂地区以与周围环境相协调的立交形式来解决。当与其他基础设施(如通信设施、电力设施等)发生干扰时要重新设计、妥善处理。

公路应尽可能与沿线地带的农田水利排灌工程、人工蓄洪设施的布局及发展规划相协调,路线不得压占干渠、支渠;压占时应采取工程措施保持原过水断面面积。跨越干渠、支渠的桥涵不宜压缩渠道过水断面。对排灌设施进行合并、调整或改移时,不得影响原有排灌功能与要求。

四、土地利用

公路建设将会对公路沿线的土地资源产生如下几方面的不利影响:

(1)大量的公路建设将占据我国宝贵的土地资源(保护耕地为基本国策),其征用土地为永久性占地,占地多少与路基宽度和长度有关;我国目前的高速公路以四、六车道为主,其永久性占地5.3万~6.7万 m^2/km,公路穿越村、镇时,企事业单位和居民重新安置也要占用部分土地。

(2)公路建设产生大量的被破坏的临时用地,主要用作临时性道路、桥涵施工作业场地、料场、配料场、临时性取土场等,也将破坏原有的土壤和植被。

(3)施工过程中产生的扬尘降落到植被表面,堵塞毛孔,影响光合作用和植被生长。

我国是农业大国,应尽可能地保护土地资源,所以公路建设过程中应尽可能地减少对土地资源的占用和破坏。其具体措施如下:

(1)合理布局路线,避免重复设线。

公路路线走廊方案选择,应调查当地土地资源情况,进行分类研究,将土地占用情况作为路线走廊方案选择的重要指标,尽量减少占用耕地,注意避让基本农田保护区和主要经济作物区。

(2)尽可能不占或少占耕地。

公路选线应全面调查沿线土地利用情况,按照农用地、建设用地和未利用土地等不同种类分别统计总体指标和单项指标等用地指标,遵照节约用地和集约利用土地原则,结合土地利用规划和当地基本农田实际,以少占或不占耕地、良田、果园,多利用荒地、荒坡等节约用地为原则,通过充分比选确定路线位置。

公路工程应结合土地利用规划,重视土石方调配,在技术经济比较的基础上,合理选择取弃土场位置及取弃土方式;减少施工和取土坑、弃土场用地。取弃土点(场)数量、地点和取土方式如下:

取土点数量不易过多,山区、丘陵地区应选在荒山、荒地,在开挖土石方时尽量减少对地面植被的破坏,对因开挖而造成的裸露地表必须进行植物防护或石砌防护。平原地区尽量在荒地和低产田地区取土。若在草原地区,则应选择在牧草生长差的地方。

取土方式采用集中取土时,应该结合土地情况选取较高地势的土丘取土,或者结合河道整治选取滩槽取土,并且注意取土坑后期的综合利用。如图1-6-1中取土场治理前后对比图。当采用宽挖浅取方案取土时,应注意保留表土回填复耕,或者可以改造成水产养殖区以发展地方经济。例如江珲高速公路,施工要求取土前要将表层50cm种植土取出,单独堆放,单独保管,工程上不得使用。取土后马上进行复垦,将种植土回填,力求保持土壤肥力,最大限度地恢复耕种条件。公路建设过程中的取土场复垦不但保护了珍贵的土地资源,对施工

a) b)

图1-6-1 取土场治理前后对比图
a)取土场治理前;b)取土场治理后

单位来说,还会节约大量的资金支出。以长春至拉林河高速公路建设为例,采取复垦的方式,用地的各种税费和复垦的工程费用每亩约为8700元,如果采用永久性占地方式,用地的各种税费和环境保护工程费用每亩约为1.9万元。

弃土(渣)要按指定地点堆放,不许向河道、水库、行洪滩地或者农田倾倒,并布设拦土(渣)、护土(渣)、倒土(渣)及排水防护措施。山区弃土(渣)场应选在谷地的一翼,避免设在集中过水处。有条件时易利用弃方造地以备复垦(见图1-6-2、图1-6-3),或利用弃方造地供作工程设施用地。

图1-6-2 拦土(渣)坝　　　　　　　　图1-6-3 弃土(渣)造地

当路线区域土源缺乏或工程需要时,应在技术经济比较的基础上,优先考虑采用工业矿渣、吹(填)砂或粉煤灰等填料填筑路堤,减少取土占地。施工临时用地应尽量在路线走廊中公路用地范围内布设,结合公路永久用地统筹安排,有条件时明确临时用地的恢复方案。

(3)尽可能降低路基高度,减少两侧边坡占地。

公路设计应合理选用技术指标,降低路基高度,农田地区亦设置挡墙、护坡、护脚等防护设施,节约用地。初步设计阶段对采用高路堤、深路堑路段和支挡防护设施与路基进行多方案比选,把节约用地作为方案取舍的重要指标;当路堤高度大于20m时,宜采用桥梁方案;当挖方深度大于30m或挖方边坡高度大于1.6倍的路基宽度值时,宜采用隧道方案。

五、景观环境

景观是指由地貌和各种干扰作用(包括人为作用)形成的,具有特定的结构功能和动态特征的宏观系统,包括原有景观的地貌、水体、建筑及现有社会基础设施。在认识上,人们通过视觉、感觉对景观产生印象、生理及心理反应,其形成的综合效应是"舒适性"。不同的建设项目对景观的要求和研究不同,对于公路景观更多是关注自然,关注生态。

目前,我国公路建设的景观问题较为普遍,也比较突出。公路建设占用土地,破坏植被,影响原始景观,给公路通过区景观资源、视觉环境造成很大的影响。公路在设计时,比较注重路线平纵指标,忽视与周围地貌的融合,偏重乘车安全性,忽视乘客的视觉享受。公路修建时,填挖方工程量比较大,改变、破坏了原有的地貌,给人一种很不协调的感觉;公路作为一种新的景观,应该与沿途已有的各种景观融为一体,减少对原有景观的破坏。

应充分收集公路沿线风景区、文物分布情况等资料,并根据风景区、文物保护区的位置和保护级别合理选择路线方案。优先选择避让方案,无法绕避时须征得相关部门批准采取补救措施。如重庆渝合高速公路为避免对北碚温泉风景区的破坏,不惜增加工程造价通过三次跨越嘉陵江来保护风景区。

学习单元七

公路环境监理

【案例】事故基本情况:某公路施工工地沥青拌和场设在距离一所小学不到50m的空地上。2009年6月8日上午,在进行沥青拌和时,操作工没有启动配置的沥青烟气处理装置,致使浓度较大的烟气蔓延至附近小学,50多名学生及老师出现视力模糊、胸闷、心悸、头痛等症状,部分学生到医院就诊后发现轻微皮炎症状。

要求:扮演施工方,填写工程环境保护事故报告单和处理方案审批表。

环境监理是工程监理的重要组成部分,根据交环发(2004)314号文《关于开展交通工程环境监理工作的通知》和《开展交通工程环境监理工作实施方案》,并按环境保护监理和环境保护工程监理的不同特点,针对施工准备阶段、施工阶段以及交工验收与缺陷责任期三个阶段,规定不同分项工程环境监理的要求。

一、环 境 监 理

1. 环境监理的定义

环境监理是指环境监理机构受项目建设单位委托,依据环境影响评价文件及环境保护行政主管部门批复以及环境监理合同,对项目施工建设实行的环境保护监督管理。

2. 环境监理的目的

环境监理的根本目的在于:

(1)实现工程建设项目环境保护目标。

(2)落实环境保护设施与措施,防止环境污染和生态破坏。

(3)满足工程竣工环境保护验收要求。

对环境监理单位则要求必须在施工现场对污染防治和生态保护的情况进行检查,督促各项环境保护措施落到实处。对未按有关环境保护要求施工的,应责令建设单位限期改正;造成生态破坏的,应采取补救措施或予以恢复。

3. 环境监理的任务

工程环境监理的主要任务是根据《中华人民共和国环境保护法》及相关法律法规,对工程建设中破坏环境的行为进行监督管理。其中包括:对工程施工对环境的影响进行检查;对环境保护设施的设计落实情况进行检查;对污染防治和生态保护的情况进行检查;对没有按照有关环境保护要求施工的施工单位责令限期改正;对因建设工程施工造成的生态破坏,应监督建设单位采取补救措施或予以恢复。

4.环境监理的方式

按照建设项目工程实施常规,以及建设项目环境保护法律、法规等文件的要求,环境监理具体工作方式如下:

(1)审查工程初步设计,环境保护措施是否正确落实了经批准的环境影响报告书提出的环境保护措施;参与施工图设计,并将环境保护内容列入其中。

(2)协助建设单位组织工程施工、设计、管理人员的环境保护培训。

(3)审核招标文件、工程合同中有关环境保护条款。

(4)对施工过程中的生态、水、气、声环境保护进行监理,减少工程建设对环境的影响;并对环境保护工程进行监理,按照有关标准进行阶段验收和签字。

(5)系统记录工程施工对环境的影响,环境保护措施的效果,环境保护工作建设情况。

(6)及时向环境监理总部反映有关环境保护措施和施工中出现的意外问题,并提出解决建议。

(7)编写《工程环境监理工作计划》和《工程环境监理报告书》。

5.环境监理的目标

环境监理工作必须依据国家和相关主管部门制定的法律、法规、技术标准,以及经批准的设计文件和依法签订的监理、施工承包合同进行监理。按环境监理服务的范围和内容,履行环境监理义务。同时环境监理工作还必须独立、公正、科学、有效地服务于建设工程,使建设工程在设计、施工、运营各阶段都达到环境保护目标的要求。

二、环境监理要点

(一)路基工程环境监理要点

1.地表清理

开挖施工中表层土保护是一个重点保护问题,表层土流失除引起水土流失外,也可能引发一系列生态平衡失调。因此,在清除地表土前应提醒施工单位明确清理对象和范围,不应该仅考虑施工方便任意破坏沿线两侧的植被。对于古树名木等有保存价值的植物,应事先联系当地林业部门,采取移植等异地保护的方法加以保护。参与移植全过程的监督。清除物应督促施工单位尽快运至经批准的弃土(渣)场,不得随意丢弃。

路基范围内的旧桥梁、涵洞、房屋及其他障碍物,宜整体大部件吊装拆除,减少粉尘排放,拆除前应对被拆除物体充分洒水。拆除物应及时清运,以防造成第二次污染。地表清理及结构物拆除的潜在环境影响见表1-7-1。

地表清理及结构物拆除的潜在环境影响　　表1-7-1

序　号	活　动　内　容	潜　在　影　响
1	消除草丛、树木等植被	生态破坏;沙土流失
2	清淤	水土流失
3	结构物拆除	扬尘;噪声;损害景观
4	场地内积水处理	水污染;传播病媒
5	废弃物处理	废弃物流失;传播病媒

2. 路基开挖

路基开挖对沿线植被及动物栖息地将造成永久性的破坏;此外,土壤的剥离、开挖容易造成土壤结构的破坏和肥力的下降。路基开挖的潜在环境影响见表1-7-2。

路基开挖的潜在环境影响　　　　　　表1-7-2

序　号	活　动　内　容	潜　在　影　响
1	土石方开挖	生态破坏;水土流失;噪声;扬尘;割裂景观
2	挖掘机、装载机等作业	噪声;漏油;扬尘;有害气体
3	土石方运输	噪声、扬尘、尾气
4	运输车辆	噪声;尾气;扬尘

(1)土石方开挖

①监督承包人将开挖范围严格控制在施工范围内,不得破坏施工范围以外的植被和土壤。

②监督承包人按设计的土石方调配方案施工,尽可能利用。开挖应自上而下进行,不得乱挖和超挖。应保护边坡稳定,防止崩塌。

③监督承包人在施工取土时应做到边开采、边平整、边绿化,计划取土,及时还耕,杜绝随意取土,禁止在河渠、沟堤取土。

④挖、填方工程量过大的路段应避开雨季施工,避免雨季施工带来的严重水土流失。若不能避开,应督促承包人做到填料随取、随运、随铺、随压,以减少雨水冲刷侵蚀。

⑤监督承包人做好临时排水系统。

(2)弃方的处理

①开工前审核承包人的施工组织设计中关于弃方数量、调运方案、弃方位置及堆放形式、坡脚加固处理、排水系统的布置等相关安排。应避免对周围产生干扰和破坏,避免造成环境污染。

②监督承包人将开挖中未被利用的弃方、杂物必须运至图纸指定地点堆放。

③监督承包人在弃方运输中严格按指定路线行驶并加以覆盖;经过住宅区和学校等敏感地区时,注意调整作业时间,以减少交通干扰和噪声干扰。

④改道、改河、改渠开挖出的土石方除可利用外,应按弃方妥善处理。

(3)石方爆破

①提醒承包人在爆破作业时除采取安全措施外,还应分析爆破效果,分析飞石、地震波的影响范围;采取减振措施以减少对周围保护设施和地质构造的影响。

②提醒承包人在石方开挖作业时注意挖方边坡的稳定。根据地质构造情况选用适合的爆破方案,以减小对山体的扰动,保持边坡稳定。爆破应以小型、松动爆破为主。路堑开挖前应先挖截水沟,并及时砌筑护坡、排水沟、急流槽等设施,防止坡面崩塌造成水土流失。

③监督承包人严禁夜间爆破;敏感点及文物保护区内禁止爆破。确需放炮作业时,应采取阻挡和保护、减振等措施。

④提醒承包人在山地和森林等野生动物分布集中的区域,爆破前应人工对爆破区的野生动物进行驱赶,避免造成意外伤亡。

⑤提醒承包人注意避免对特殊地貌景观的破坏,以及避免引发泥石流等地质灾害。

(4)边坡修整

①监督承包人严格按设计设置坡度;坡面出露的块石及植物根系尽量予以保留,以减小坡面土壤散落和水土流失。

②督促、协助承包人合理安排施工时间,分段施工,尽量减少工作面;在土方工程完成后,立即开始护坡、修挡土墙、路基边坡植草、铺砌排水沟等工程。

③督促承包人及时开始边坡的护坡工程和绿化植草,土木工程和生物工程相结合,综合治理。

④如果本地区雨水充分,督促承包人及时设置排水沟及截水沟,避免产生边坡崩塌和滑坡。

(5)噪声控制

路基开挖阶段施工场界噪声限值:昼间为75dB,夜间为55dB。

3.路堤填筑

路基填筑的潜在环境影响,如表1-7-3所示。

路堤填筑的潜在环境影响　　　　　　表1-7-3

序号	活动内容	潜在影响
1	借方作业	噪声;漏油;扬尘;有害气体
2	土石方运输	噪声;扬尘;有害气体
3	运输车辆	噪声;尾气;扬尘
4	压路机、夯实机械等	噪声;漏油;有害气体
5	履带式设备行驶	对道路场地破坏
6	施工设备、车辆等维修保养	机油洒弃;零(配)件丢弃;包装物丢弃
7	土工格栅等铺设	边料丢弃

①监督承包人在施工中应保持通行道路湿度,避免车辆扬尘污染周边空气环境。检查车辆施工机械,防止跑滴、漏油,以避免对土壤和水环境的污染。运输车辆应加盖篷布,按照指定路线行驶。

②提醒承包人在填方工程量过大的路段应避开雨季施工,避免其带来的严重水土流失。如不能避开,则应尽量减少施工面,并做到施工用料随取、随铺、随压,以减少雨水冲刷侵蚀。

③要求承包人在山区路基施工要先做初步挡护再进行开挖和填土,防止土石进入河流或谷地影响水质和泄洪。路基工程工序结束后再重新按照设计要求修建挡墙。

④要求承包人在借方土料使用前,应将表土剥离,同挖方的表土处置。

⑤要求承包人在填筑路基时,应分层压实并检查压实度,保证控制水土流失量。填石路段采用冲击式压实,应防止强烈振动对周边结构物产生危害。

⑥要求承包人对已成形路段适时洒水,减轻粉尘污染。临时坡面应做集中排水槽,暴露面及时压实、及时洒水,注重水土保持工作,并控制扬尘污染。

⑦要求承包人在运输路线途经住宅区、学校等敏感区时,注意调整作业时间,避免交通噪声干扰居民生活。

⑧路堤填筑阶段施工场界噪声限值:昼间为75dB,夜间为55dB。

4.特殊路基处理

(1)软土路基

若项目软土路基较为普遍,软土路基除应按照规定的软土鉴别方法确定外,施工中遵循"填筑前,应排除地表水,保持基底干燥;下层路堤应采用渗水材料填筑,软土沉陷的部位内,不得采用不渗水材料填筑。其中用于砂砾垫层的最大粒径不应大于5cm,含泥量不大于5%"。

（2）滑坡地段路基

滑坡对山区公路建设和交通设施危害很大,勘察工作繁重、防治工作艰巨,对大型滑坡应尽量绕避;当绕避困难的,应根据滑坡规模的大小,进行具体方案选择,采取综合治理措施,力求根除。

①要求承包人在滑坡未处理前,禁止在滑坡体上加荷载,如停放机械、堆放材料、弃土等。

②要求承包人做好地表水及地下水的处理。

③要求承包人做好滑坡顶面地面水的处理,采取截水沟等措施,不让地面水流入滑动面内。

④对于挖方段路基上边坡发生滑坡,应要求承包人修筑一条或数条环形水沟;但最近一条必须离滑动裂缝面最少5m以外,以截断流向滑动面的流水。滑坡上面出现裂缝应填土夯实,避免地表水继续渗入。

⑤当挖方路基边坡发生的滑坡不大时,采用刷方（台阶）减重,打桩或修建挡土墙等方法进行处理以达到路基边坡稳定;同时,宜修筑排水沟、暗沟（或渗沟）排出地下水。滑坡较大时,可采用修建挡土墙、钢筋混凝土锚固或预应力锚索等方法处理。

⑥滑坡表面处治应整平且夯实,填筑积水坑,堵塞裂缝或进行山坡绿化方法固定表土。

（二）桥涵工程环境监理要点

1. 明挖基础

（1）围堰

①要求承包人对围堰用的土袋、板桩或套箱进行编号,保证施工前后数量一致;避免遗留在水体中,阻碍行洪或航运。

②要求承包人施工现场材料堆放整齐有序;废弃的包装材料应每日清理收集。监理应巡视检查。

③现场检查施工结束后,废弃的材料应及时运至弃土（渣）场。

（2）基坑开挖

基坑开挖作业应要求承包人按以下要求施工,并经常巡视检查,对不符合要求的应及时提出整改要求。

①采用先进的施工工艺,如沉井法施工,减少作业面和影响面。

②保护地表水体,开挖的工程弃方不能随意丢弃河流中或岸边,应暂时堆放在距离水体较远的地带,防止冲刷或塌落进入水体。

③基坑开挖出的土壤、泥炭、岩石等应集中后运至弃土（渣）场;其中对于有机质含量较高的底泥和泥炭等,自然吹干后也可以运至需要的单位进行土壤育肥。

④旱桥桥墩基础开挖的土石方集中堆放。周围用临时设施阻拦,待桥墩基础浇筑完成后回填,剩余部分可用于附近低洼地的整平,多余土石方一律运至弃土（渣）场。

⑤旱桥施工中只允许砍伐墩、台永久施工区域的植被,桥跨范围的植被不得砍伐、清除,尽可能保留桥跨部分的原生植被,减少桥墩、台施工对地表原生植被的破坏。

2. 钻（挖）孔灌注桩基础

（1）泥浆制备

泥浆制作准备工作应现场检查,指导承包人按以下要求准备:

①在现场选择或开挖低洼地做泥浆沉淀池,用于储存将来使用后的废弃泥浆;泥浆池应选在不易外溢的地段。

②当现场没有可以利用的低洼地时,应自行挖掘或砌筑泥浆池。

③泥浆池周围应设置良好的排水系统,以免雨水过大而造成泥浆外溢破坏当地环境。

(2)钻(挖)孔施工

除要求承包人规范施工外,还应经常巡视检查按下列要求施工:

①钻孔桩必须设置泥浆沉淀池,不得将泥浆直接排入河水或河道中,经沉淀后上部清水排放,减小悬浮固体的排放量。大型桥梁通常利用钢护筒作泥浆储备周转,并采用泥浆过滤设备清除残渣。

②废弃的钻孔泥浆以及其他废弃物,应运至事先准备的沉淀池临时储存;待吹干后,运往弃土(渣)场,不得弃于河道或滩地,以防抬高河床、淤塞河道。

③在水上钻孔时,一般应采取平台施工。采取围堰或筑岛施工时,应及时对围堰和筑岛进行清理,以免破坏水生环境,影响泄洪。

④经常对施工机械和船只进行检查,防止油料泄漏,严禁将废油、施工垃圾等随意抛入水体。

⑤挖孔桩施工时,应选择合适的孔壁支护类型。挖孔时,应注意施工安全,挖孔工人必须有安全装备,提取土渣的机具要经常检查,井口围护应离地面20~30cm,防止土、石、杂物落入孔内伤人。如孔内二氧化碳等含量超过0.3%或孔深超过10cm时,采用机械通风。

(3)混凝土浇注施工

监理工程师应现场检查、旁站浇注过程;溢出的泥浆应引流至事先准备的适当地点处理。待吹干后,运至弃土(渣)场,以防止污染环境或堵塞河道和交通。

3.沉入桩

沉入桩一般用于特大桥梁的水中部分;沉桩施工对环境影响主要是船只和打桩机械的油料泄漏、废油处理以及噪声影响,应要求承包人经常进行机械保养,严禁将废油、施工垃圾等随意抛入水体。

4.沉井基础

沉井施工前,应要求承包人对沉井要通过的地面及沉井底面的地质资料进行分析,对河流的洪汛、河床的冲刷、通航、漂流物等进行调查,制订施工方案。对于不被水淹没的岸滩或位于浅水区的岸滩,可就地整平夯实。做沉井或水中填土筑岛做沉井,筑岛材料应用透水性好,易于压实的砂土或碎石,并在临水面形成一定的坡度,使岛体坡面、坡脚不被冲刷。浮式沉井应随时观测由于沉井下沉的阻水和压缩流水断面引起流速增大而造成的河床局部冲刷。沉井正常下沉除土,应用船运到指定地点堆放,不得卸至井外占用河道。采用吸泥吹砂等方法下沉时,吸出的泥浆应进行过滤、沉淀,不得直接排入河流中。

沉井封底混凝土施工的环境保护可参照钻(挖)孔灌注桩。

5.桥梁下部构造

桥梁下部构造施工时,应督促、检查承包人做好以下工作:

(1)混凝土浇注时应采取防护措施,防止混凝土散落入周边水体。

(2)护岸开挖时,应按照设计图纸严格控制开挖界限,不得任意扩大开挖范围,将两栖动物生境的受影响范围控制在最小程度。

(3)桥梁墩台修筑完毕后,及时清除围堰等临时工程的堆积物,并将施工中产生的废浆、弃土和废弃物运至弃土场,恢复河道畅通。

6.混凝土搅拌、运输和养护

(1)混凝土搅拌、运输、振捣、摊铺等作业中,可建议承包人采取以下防粉尘、防噪声(振动)措施:

①采用商品混凝土、密罐车运输。

②场界设置临时隔声设施。

③作业时间避开下风向100m内人群密集的地段等。

(2)要求承包人定点清洗混凝土搅拌车,设置临时沉淀池,清洗水经沉淀池处理后方能外排。有条件者,也可采取废水处理后循环使用。

(3)监督承包人的混凝土搅拌站不得设在饮用水源地保护区内;搅拌站的排水、混凝土养护水等含有害物质的废水不得排入地表水Ⅰ~Ⅲ类水源保护区。

(三)取、弃土场环境监理要点

若本项目位于山岭重丘区,降水及暴雨较多的地区,弃土较多,冲刷程度也比较严重时,要特别重视取、弃土场的环境保护。监理工程师要经常督促承包人按以下要求做好取、弃土场的环境保护工作:

(1)取、弃土(渣)场的选址严格按设计要求进行。

(2)在路侧选用田地取土时,取土厚度应在当地地下水位线以上至少0.3m,防止地下水出露影响植被生长。

(3)禁止废渣、土石等向洞口、水体、山涧随意堆弃和无序倾倒。弃土(渣)不得弃入或侵占耕地、渠道、河道、道路等场所,必须运到指定的弃土(渣)场。

(4)为了防止固体废弃物堆积体被冲蚀或易发生滑塌、崩塌,应尽量贯彻"先挡后弃"的原则,设置拦土(渣)坝。拦土(渣)工程选址、修建,应少占耕地,尽可能选择荒沟、荒滩、荒坡等地方。拦土(渣)坝坝型主要根据拦土(渣)的规模和当地的建筑材料来选择。一般有土坝、干砌石坝、浆砌石坝等形式。选择坝型时,应进行多方案比较,做到安全经济。均质土坝构造简单,便于施工。

(5)弃土(渣)应在指定范围内严格按照设计技术要求进行堆置。堆放应整齐稳定,不遗留陡坡、滑坡、塌方等隐患,并且排水畅通。河道不得弃土(渣),桥头弃土不得挤压桥墩,阻塞桥孔。

(6)对于取、弃土(渣)场的边坡,都应在工程防护的基础上,尽可能创造条件恢复植被,特别是草灌植物的应用,尽力把工程措施和植物措施很好地结合起来。控制水土流失,维护坡面稳定,改善生态环境。

(7)在施工结束后,应对取、弃土(渣)场进行修整、清理和生态恢复,包括复耕或绿化等,并必须有相应的水土保持措施。

(四)交通安全设施施工环境监理要点

监理工程师在交通安全设施施工过程中按以下要求进行检查:

(1)拌和场、预制场、基础工程的施工环境保护要求参照相应的监理细则。

(2)外购材料应提供生产厂商的环境保护达到要求的证明材料。

(3)防撞护栏柱架设应防止油污染;合理安排时间减少噪声对周围居民的影响。

(4)焊接的废弃物如电焊渣、废弃的焊材,应收集处理。

(5)油漆应妥善存放和使用,避免滴漏影响水体和土壤。油漆包装物统一收集处理,不应随意抛弃。

(五)挡土墙、防护及其他砌筑工程环境监理要点

挡土墙施工应综合考虑工程地质、水文地质、冲刷深度、荷载作用情况、环境条件和施工条件,结合路基施工进度,同步实施。应采用合理施工方法,尽量减少对环境和相邻路基段的不利影响。监理工程师应按以下要求进行巡视、旁站检查:

(1)地基承载力小于设计要求时,应及时与设计单位联系,确定开挖底线。

(2)基础埋置深度应根据设计要求和现场情况确定高程。

(3)当冻结深度小于或等于1m时,基底应在冻结线以下不小于0.25m,并应符合基础最小埋置深度不小于1m的要求。

(4)当冻结深度超过1m时,基底最小埋置深度不小于1.25m,还应将基底至冻结线以下0.25m深度范围的地基土换填为砂砾石等材料。

(5)受水流冲刷时,应按路基设计洪水频率计算冲刷深度,基底应埋置于局部冲刷线以下不小于1m。

(6)路堑地段的挡土墙基础顶面,应低于路堑边沟底面不小于0.5m。

(7)在风化层不厚的硬质岩石地基上,地基一般应置于岩石表面风化层以下;在软质岩石地基上,基底最小埋置深度不小于1m。

(8)施工过程中,应当采取措施,控制扬尘、噪声、振动、废水、固体废异物等污染,防止或者减小施工对水源、植被、景观等自然环境的破坏,改善恢复施工场地周围的环境。

(9)根据水土保持方案,检查水土保持措施的落实情况。

(10)将弃土、弃渣于指定地点堆放,并采取防护措施,避免其流入水体。

(11)挡土墙、防护及其他砌筑工程施工阶段场界噪声限值:昼间为70dB,夜间为55dB。

(六)排水工程环境监理要点

排水工程包括地表排水工程和地下排水工程,是水土保持的必要措施。地表排水设施包括边沟、排水沟、跌水与急流槽、蒸发池、油水分离池、排水渠等。地下排水设施包括暗沟(管)、渗沟、渗水隧洞、渗井、倾斜式排水孔、检查井等类型。

在排水工程施工时,环境保护监理工程师应在以下几个方面对承包人进行巡视检查:

(1)及时沟通排水系统,为邻近的土地所有者提供灌溉与排水用的临时管道。临时排水设施与永久排水设施相结合,应有合适的泄水断面和纵坡;临时用作排水渠道时,应适当加大泄水断面,并采取加固措施,使水流畅通,不产生冲刷和淤塞。污水不得排入农田和污染自然水源,不得引起淤积和冲刷。

(2)截水沟设置在无弃土堆的位置下,截水沟的边缘离开挖方路基坡顶的距离视土质而定,以不影响边坡稳定为原则,如系一般土质至少应离开5m。对黄土地区不应小于10m,并进行防水渗水加固;截水沟挖出的土,应运到指定地点。

(3)施工过程中应当采取措施控制扬尘、噪声、振动、废水、固体废弃物等污染,防止或减轻施工对水源、植被、景观等自然环境的破坏,改善、恢复施工场地周围的环境。不论何种原因,在没有得到有关部门同意的情况下,各类施工活动都不应干扰河流、渠道或排水系统的自然流动。

(4)在路基和排水工程(涵洞、倒虹吸等)施工期间,应为邻近的土地所有者提供灌溉与排水用的临时管道。

(5)将弃土、弃渣于指定地点堆放,并采取防护措施,避免其被冲刷流入水体。

(6)排水工程施工阶段施工场界噪声限值:昼间为70dB,夜间为55dB。

三、施工环境监理工作制度

1. 例会制度

建立施工环境保护监理例会制度,定期召开环境保护会议。例会期间,施工单位对近一段时间的环境保护工作进行回顾性总结,监理工程师对该月单位工程的环境保护工作进行全面评议,肯定工作中的成绩,提出存在问题及整改要求。每次会议都应形成会议纪要。

2. 报告制度

定期编报的月报或年报中,应包括环境保护监理工作情况。其主要内容包括:当前施工阶段环境保护工作重点和取得的成果,现存的主要环境保护问题,建议解决的方案,随后的工作计划。

3. 涵件来往制度

监理工程师在现场检查过程中发现的环境保护问题,应通过书面监理通知单形式,通知施工单位需要采取的纠正或处理措施。情况紧急需口头通知时,随后必须以书面形式予以确认。同样,施工单位对环境问题处理结果的答复以及其他方面的问题,也应致函监理工程师。

4. 人员培训制度

监理工程师应进行培训,持证上岗;并协助建设单位组织工程施工人员的环境保护培训。

5. 工作记录制度

施工环境保护监理记录是信息汇总的重要渠道,是监理工程师作出决定的主要基础资料,必须做好该项工作。其主要内容有:

(1)会议记录

会议记录包括第一次工地会议、工地例会、工地协调会和其他会议记录。

(2)监理日记

监理日记应记录巡视检查的情况,做出的重大决定,对施工单位的指示,发生的纠纷及解决的可能办法,与工程有关的特殊问题。

(3)环境保护监理月报

根据工程的进展情况,对环境保护状况及存在问题每月以报告的形式向建设单位报告并备案。

(4)气象及灾害记录

气象及灾害记录,主要记录每天的温度变化、风力、雨雪情况以及其他特殊天气情况及地质灾害等,还应记录因天气变化而损失的工作时间。

(5)地质记录

地质记录包括采样、监测、检验结果分析记录、照片、录像等资料。

(6)交(竣)工文件

竣工记录包括施工过程中分项、分部工程的环境保护交工验收记录和竣工验收记录2

个部分。竣工验收阶段记录,应包括验收检查、验收监测、验收评定及验收资料各方面内容。

四、环境保护监理用表及案例

(一)环境保护监理用表

环境监理工作过程中涉及的各种工作用表比较多,大体上可以分为两类:一类是施工单位用表;另一类是环境监理单位用表。其中环境监理单位用表又包括了日常工作通用表格,各工艺环节监理用表。施工单位用表见表1-7-4;环境监理单位通用表见表1-7-5;针对具体施工环节的监理用表见表1-7-6。

施工单位用表　　　　　　　　　　　　　　　表1-7-4

编号	表名	编号	表名
1	施工组织设计报审表	8	工程事故处理方案
2	工程开工报审表	9	工程质量问题报告单
3	整改复查报审表	10	交工申请报告单
4	复工报审表	11	交工验收表
5	中间验收证书	12	单位工程质量核验申请表
6	工程业务联系单	13	单位工程质量评定表
7	环境监理工程师通知回复单		

环境监理单位通用表　　　　　　　　　　　　表1-7-5

编号	表名	编号	表名
1	监理业务联系单	5	整改通知单
2	会议记录	6	工程污染事故报告单
3	会议签到表	7	工程污染事故处理方案报审表
4	工程停工通知单		

针对具体施工环节的监理用表　　　　　　　表1-7-6

编号	表名	编号	表名
1	施工营地检查记录表	6	船舶排污检录记录表
2	运输道路现场监理记录表	7	船舶污水排放记录表
3	码头工程现场监理记录表	8	取弃土施工监理用表
4	开山爆破现场监理记录表	9	绿化施工监理用表
5	水下炸礁现场监理记录表		

下发环境保护监理通知单主要是能及时地指出工程施工过程中出现的某些环境违规、违章操作及存在的环境保护问题,要求施工单位进行整改;并对整改的情况,限时做出书面答复。

(二)环境保护监理案例

监理工程师通知单实例见表1-7-7。

表1-7-7

监理工程师通知单实例

工程项目名称:新建铁路某段

致:某项目经理部

事由:
你项目经理部一分部进行专项整治检查,施工现场存在问题等事宜。

通知内容:
2011年2月17日,监理项目部副总监宋某带队对你一分部进行专项整治检查,施工现场存在问题如下:

一、1号隧道(进口)平导
(1)掌子面超前水平钻孔采用风钻钻眼代替,且加深炮眼未按照要求进行施作。
(2)初支喷射混凝土厚度、钢架保护层厚度不符合要求。
(3)光面爆破质量控制差。
(4)监控测量点标示标牌挂设不规范。
(5)值班室已建立但未投入使用,进洞翻牌制度不规范,门禁系统未建立。
(6)洞内渣土弃于洞口沟谷,且沟底未施作拦土(渣)墙。
(7)应急储备室简陋、材料配备不足,洞内救生管未进入掌子面。
(8)洞外参数标示牌填写不完善。
(9)目前已施工108m;通风设备未进场。
(10)洞外文明施工差、场地零料乱堆乱弃。

二、2号隧道横洞
(1)掌子面超前水平钻孔、加深炮眼未施作。
(2)救生管未按照要求安装。
(3)洞口20m二衬未施作。
(4)部分初支喷射混凝土厚度不足。
(5)洞口距掌子面148m,未安装通风设备。
(6)洞口值班房未投入使用,现场检查登记本资料仍未放入值班室保管,门禁系统未建立。
(7)应急设备、物资未进场。
(8)掌子面30m监控测量点未及时埋设。
(9)检验批因试验报告滞后且签字不完善。

三、3号隧道
(1)中台阶施工左右侧对称开挖且未及时进行支护。
(2)大里程进洞左侧设计为V级围岩,开挖3榀钢架且悬空。
(3)仰拱与掌子面安全距离超标。
(4)现场标示标牌模糊不清,标示不到位。
(5)钢架接头喷混凝土不平顺。
(6)洞口段已封闭成环,仰拱因钢材不到位停工待料。
(7)检验批不及时、验收部位描述不清晰。
(8)明洞段小里程左侧边坡滑塌,未进行处理,存在安全隐患。

四、4号隧道(进口)
(1)导向墙底部开裂及紧挨导向墙明洞边坡也开裂。
(2)二衬台车未进场。
(3)湿喷站建设缓慢,造成至今未验收合格。
(4)检验批不及时,并且仍未上报监理签认。

五、4号隧道(出口)
(1)洞内排水系统不畅;掌子面左右侧积水。

续上表

(2)光面爆破差,超、欠挖控制不到位。 (3)钢筋网片安装不规范。 (4)门禁系统及值班室未投入使用。 　　针对上述存在的问题,要求你部立即制订整改时限并完成整改,报监理组进行检查;监理组检查合格后,上报监理项目部进行复查。   　　　　　　　　　　　　专业监理工程师:_____　　　年　　月　　日
   　　　　　　　　　　　　　　　收件人:_____　　　年　　月　　日

注:本表一式 4 份,其中承包单位 2 份,监理单位和建设单位各 1 份。

模块二

公路设计阶段的环境保护

【**案例**】某新建公路,全长120km,位于平原地区,路基宽度28m,全线共有特大桥1座,大桥2座,中小桥60座,涵洞310道,互通立交11处,分离立交14处,通道281道,天桥9座,项目总投资为60亿元。根据环境评价现状调查,公路沿线没有风景名胜区、自然保护区和文物保护单位,也无国家、省、市级重点保护的稀有动植物种群。公路经过区域为乡村,无大中型企业,距公路中心线200m范围内村庄50个,学校5个,在公路K100+70m处距公路中心线220m还有一乡镇医院。根据以上资料,请回答以下问题:

(1)环境评价报告书中应设哪些专题?

(2)说明声环境影响评价的范围,判定评价等级并说明判定依据。

(3)说明生态环境影响评价的范围,判定评价等级并说明判定依据。

(4)若公路特大桥所跨为某水库,该水库为规划的生活饮用水地表水源一级保护区,评价中应提出何种措施并说明理由。

学习单元一

公路环境影响评价

一、环境评价

人类在生存过程中不断改变周围的环境以适应自己的发展,为了避免对环境的盲目开发和利用,在开发决策之前,应考虑环境与资源的相互制约关系,进行环境影响评价,以合理的代价协调环境与发展的关系,达到社会可持续发展的目的。

(一)环境评价

"环境评价"是"环境影响评价"和"环境质量评价"的简称,是对环境系统状况的价值评定、影响判断并提供改良对策。例如:对一条河流的水环境现状进行评价,就是评定和判断该河流系统状况是否满足人们的需求,是否符合人们对河流的价值期望,并且找出现状水质存在的问题和提出改善措施。

对于环境评价来讲,从不同角度出发(不同的评价要求、不同的环境属性、不同的评价时间),可以对环境评价进行不同的分类。

(二)环境评价的分类

1. 按评价的时间分类

按照时间序列来讲,环境评价应分为环境回顾评价、环境现状评价、环境影响评价和环境影响后评价。这4种评价具有各自的意义和作用,同时又互相关联、互为条件和依据,形成一个科学的环境评价的完整体系。它们的目的就是在特定的时空范围内作出的环境评价更加客观、全面、准确,能够系统地反映环境的状况。

(1)环境回顾评价

环境回顾评价,是根据历史资料对一个区域过去某一历史时期的环境质量进行的回顾性评价。通过回顾评价可以揭示出区域环境污染的发展变化过程,预测以后的发展变化趋势。

回顾评价的准确性和可靠性是建立在历史资料系统与完善基础之上的,所以掌握历史资料是进行回顾评价的关键。由于这种评价需要大量过去的环境历史资料,而实际所能提供的资料往往有限,特别是对不发达地区。因此局限性很大,所得的评价结论往往可靠性较差。

(2)环境现状评价

环境现状评价一般是根据一定的标准和方法,对一个区域内当前的环境质量的变化及现状进行评定。这种评价的内容主要包括环境污染评价、生态评价、美学评价、社会环境质量评价。

环境污染评价主要是对区域的污染源进行调查,了解污染物的种类、数量及其在环境中的迁移、扩散、转化,研究污染物浓度的变化规律,说明污染物对生态系统尤其是人类健康已经产生和可能产生的危害。生态评价主要是为了维护生态平衡所作的评价。美学评价是指当前环境的美学价值。社会环境质量评价是指环境的变化对社会结构、经济、心理等方面产生的影响进行评价。

通过现状评价,可以反映环境质量的现状,对于一个区域今后的发展有非常大的指导作用。

(3) 环境影响评价

环境影响评价也称预评价,即环境质量预断评价。它是指对规划和建设项目实施后可能造成的环境影响进行分析、预测和评估,提出预防或者减轻不良环境影响的对策和措施,进行跟踪监测的方法与制度。这是"预防为主"的污染防治和生态保护方针的具体体现,是避免"先污染、后治理;先破坏、后恢复"的陈旧模式的有效武器。通过环境影响评价,可以为建设项目合理选址提供依据,防止由于布局不合理给环境带来难以消除的损害;通过环境影响评价,可以调查清楚周围环境的现状,预测建设项目对环境影响的范围、程度和趋势,提出有针对性的环境保护措施;环境影响评价还可以为建设项目的环境管理提供科学依据,所以环境影响评价制度是预防性环境政策的最重要支柱之一并具有一票否决的特殊权利。

(4) 环境影响后评价

环境影响后评价以环境影响评价工作为基础,以建设项目投入使用和开发活动完成后的实际情况为依据,评价建设项目从立项决策、设计施工到投入运营等全过程环境建设和环境管理的实际情况,分析项目实施前环境预测和决策的准确性和合理性,找出出现问题的原因,评价预测结果的正确性和合理性,提出必要的对策措施,为提高决策水平和改进建设项目环境管理提供科学依据。对于公路建设项目来说,环境后评价是指区域内的公路项目投入正常运行后,在一定时间内分析评价已建成公路对该区域环境质量的实际影响,分析评价公路建设项目环境影响评价结论的准确性、可靠性和环境保护措施的有效性。目前,环境影响后评价的研究正处于发展阶段中。

环境影响后评价是环境评价的延伸。

2. 按评价的要素分类

按照评价要素,环境评价分为单个环境要素的评价、几个环境要素的综合评价和区域环境的综合评价。单个环境要素的评价如大气、噪声、地表水等的评价。综合评价考虑的是多个要素的综合效应。

(三) 环境评价的发展过程

环境影响评价的发展还要追溯到20世纪40年代,当时随着工业的不断发展,产生了一系列的污染事件,各个国家才开始对环境的保护有一定的认识,开始监测大气、水质等各种指标。直到20世纪60年代,加拿大和美国的学者才提出了环境影响评价的概念,美国在1969年的《国家环境政策法》中把环境影响评价规定为联邦政府环境管理的一项基本制度。1970年1月1日开始实施,至20世纪70年代末各州相继建立了各种形式的环境影响评价制度。环境影响评价制度首创于美国。

这一立法趋势很快引起其他国家的重视,并为许多国家所借鉴。瑞典在其1969年的《环境保护法》中对环境影响评价制度做出了规定;日本已于1972年6月由内阁批准了公共工程的环境保护办法,首次引入环境影响评价思想,后来又制定了专门的《环境影响评价法》。德国、加拿大、俄罗斯也相继进行了环境影响评价立法。据统计,到1996年全世界已有85个国家或地区制定了有关环境影响评价的立法。

我国的环境保护工作是从1972年联合国斯德哥尔摩人类环境会议之后,才开始对环境影响评价制度进行探讨和研究。1979年颁布的《环境保护法(试行)》确立了环境影响评价制度,之后又颁布实施了一系列法规、规章,在2002年10月28日正式通过《中华人民共和国环境影响评价法》,从2003年9月1日起开始实施,这部法律的出台,将使我国环境影响评价制度进入新的发展阶段。

对于公路建设项目来讲,我国对公路建设环境影响的研究起步较晚。1987年交通运输部发布《交通建设项目环境保护管理办法(试行)》,开始了公路建设项目的环境影响评价工作。1987年西安公路学院编写了我国第一本《西安至临潼高速公路环境影响评价报告书》,1990年交通部发布的《交通建设项目环境保护管理办法》中规定:"对环境有影响的交通行业大中型项目,必须执行环境影响报告书(表)审批制度。"1996年第四次全国环境保护会议以后,公路建设项目环境影响评价工作受到了高度重视。同年,交通部编制了《公路建设项目环境影响评价规范(试行)》,使公路建设项目环境影响评价工作步入规范化。至今,已有400多个高等级公路建设项目开展了环境影响评价工作。环境影响评价工作不仅在监督和保护环境方面起到了积极作用,而且促进了人们对环境问题的深入认识,对促进公路建设与环境协调可持续发展起到了非常重要的作用。

(四)环境影响评价程序

环境影响评价不仅为地区发展规划和环境管理提供科学依据,而且通过环境影响评价可以了解拟建项目所在地区的环境质量现状,预测拟建项目对环境质量可能造成的影响,并针对项目对环境质量造成的不利影响,提出有效和经济合理的防治措施,使不利影响降至最低程度。

作为法定制度的环境影响评价的程序由两大部分组成,即执行环境影响评价制度的管理程序和完成环境影响报告书的技术工作程序。

1. 执行环境影响评价制度的管理程序

一个对环境有重大影响的建设项目从提出建议到环境影响报告书审查通过的全过程,每一步都必须按照法规的要求执行。我国执行的环境影响评价管理程序如图2-1-1所示,该程序的主要步骤如下。

(1)环境影响评价筛选

开展环境影响评价首先要进行的工作是环境筛选,即依据建设项目对环境影响的程度对项目进行分类,且按区别对待的原则,提出不同的评价要求。

根据1998年11月国务院颁布的《建设项目环境保护管理条例》第七条规定,根据建设项目对环境的影响程度,建设项目环境保护实行分类管理。

①建设项目对环境可能造成重大影响的,应当编制环境影响报告书,对建设项目产生的污染和对环境的影响进行全面、详细的评价。

②建设项目对环境可能造成轻度影响的,应当编制环境影响报告表,对建设项目产生的污染和对环境的影响进行分析或者专项评价。

③建设项目对环境影响很小,不需要进行环境影响评价的,应当填报环境影响登记表。

建设项目环境保护分类管理名录,由国务院环境保护行政主管部门制定并公布。在《建设项目环境保护分类管理名录》中明确了公路、城市交通设施的影响程度划分,如表2-1-1所示。

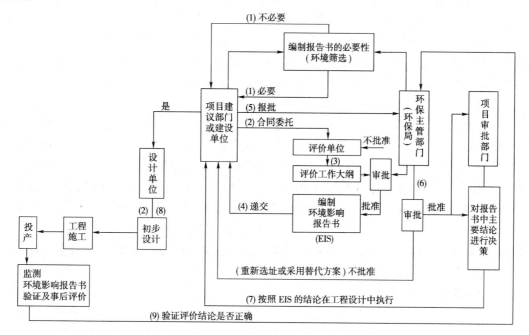

图2-1-1 我国执行的环境影响评价管理程序

注:括号内数字表示工作的顺序。

公路、城市交通设施的影响程度划分　　　　　　　　　　　表2-1-1

环评类别 项目类别	报告书	报告表	登记表	本栏目环境敏感区含义
P 公路				
公路	三级以上等级公路;1000m以上的独立隧道;主桥长度1000m以上的独立桥梁	三级以下等级公路,涉及环境敏感区的	其他	(一)、(二)和(三)
T 城市交通设施				
轨道交通	全部	—	—	
道路	新建、扩建	改建;绿化工程	其他	
桥梁、隧道	高架路;立交桥;隧道;跨越大江大河(通航段)、海湾的桥梁	其他		

本名录所称环境敏感区,是指依法设立的各级各类自然、文化保护地,以及对建设项目的某类污染因子或者生态影响因子特别敏感的区域,主要包括:

①自然保护区、风景名胜区、世界文化和自然遗产地、饮用水水源保护区。

②基本农田保护区、基本草原、森林公园、地质公园、重要湿地、天然林、珍稀濒危野生动

(植)物天然集中分布区、重要水生生物的自然产卵场及索饵场、越冬场和洄游通道、天然渔场、资源性缺水地区、水土流失重点防治区、沙化土地封禁保护区、封闭及半封闭海域、富营养化水域。

③以居住、医疗卫生、文化教育、科研、行政办公等为主要功能的区域，文物保护单位，具有特殊历史、文化、科学、民族意义的保护地。

环境筛选具有以下作用：帮助建设单位、项目设计单位和评价单位及时地、实际地对待环境问题；拟定出适当的预防、减缓和补偿措施，以减少对项目的制约条件；避免由于未预见到的环境问题所带来的额外费用和时间上的拖延；避免不必要的环境评价工作。

(2) 评价工作大纲的编制和审批

依据环境筛选的结果，项目建设部门或建设单位以委托或招标方式确定环境评价单位，开展环境影响评价。环境评价单位必须持有国家环境保护部颁发的《环境影响评价资格证书》。

承担评价任务的环评单位必须先提供一份《环境影响评价工作大纲》（下文简称"大纲"），"大纲"由建设单位送交环境保护行政主管部门（国家环境保护部或地方环境保护局），经审查批准后才能正式开展环境影响评价工作。"大纲"是环境影响报告书的总体设计和行动指南，是指导环境影响评价工作的技术文件，也是检查报告书内容和质量是否符合规定的主要判断依据。"大纲"应在充分了解有关法规、项目文件与资料以及初步现场调查和工程分析基础上形成。

(3) 编制环境影响报告书

评价单位按"大纲"的意见和要求完成环境影响报告书。在编制环境影响报告书过程中，评价单位应与环境保护行政主管部门、建设单位、受项目影响的团体与群众保持密切联系，听取意见。

(4) 审查环境影响报告书

评价单位编制成的环境影响报告书由建设单位报有审批权的环境保护行政主管部门审批。建设项目有行业主管部门的，由行业主管部门组织环境影响报告书的预审，有审批权的环境保护行政主管部门参加预审；建设项目无行业主管部门的，其环境影响报告书由有审批权的环境保护行政主管部门组织审批。审查通过后由环境保护行政主管部门批准实施。如在审查中专家组提出修改或否定报告书的意见，则评价单位应对报告书修改或重做。

(5) 环境影响报告书的批准和实施

环境影响报告书经批准后，计划部门或工商行政管理部门方可批准建设项目设计任务书，银行才能给予项目贷款。报告书中提出的各项评价结论和消减负面环境影响的措施必须在项目设计、施工和运行中具体实施。

(6) 项目监测和事后评价

拟议的开发行动或项目投入运行后，应按报告书要求开展监测，并对其结论进行验证和事后评价，以核查报告书对策和结论的正确性，必要时采取补救措施。

(7) 环境影响报告书的审查和公众参与

我国的环境影响报告书现今采用环境保护行政主管部门和专家组相结合的方式进行审查，在审查过程中征求与项目有关的公众意见。

2. 完成环境影响报告书的技术工作程序

环境影响评价工作大体分为4个阶段，如图2-1-2所示。

(1) 准备阶段，主要工作为研究有关文件，进行初步的工程分析和环境现状调查，筛选重点评价内容,确定各单项环境影响评价的工作等级,编制评价工作大纲。

(2)环境影响评价工作阶段,其主要工作为进一步进行工程分析和环境现状调查监测评价,建设项目环境影响预测和评价。

(3)报告书编制阶段,其主要工作为汇总、分析第二阶段工作所得到的各种资料、数据,编制完成环境影响报告书。报告书中应给出项目环境影响控制对策与环境保护措施、项目建设评价结论与建议。

(4)对项目行动后的环境影响作监测和检验,并作事后评价。

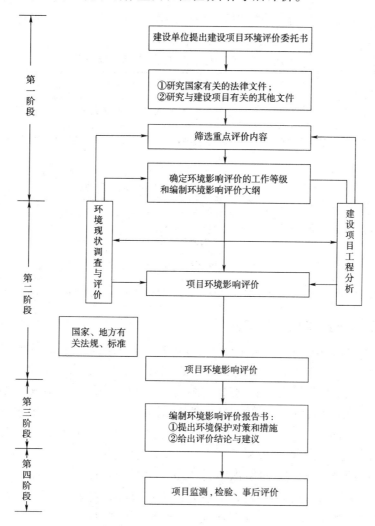

图 2-1-2 环境影响评价工作程序

环境影响评价是在行动之前开展的,而在行动实施后的环境影响是否按照预测和评价的结果所表明的那样出现,消减负面影响的措施是否有效,这些必须由事后的监测和调查结果进行检验。这样有助于加强评价机构和人员的责任感,总结经验,提高评价工作技术水平;出现问题时,明确法律责任。

二、公路建设项目环境影响评价

要对一个建设项目的环境影响做出切实和准确的评价,就应全面识别出建设项目影响的环境因素,然后筛选出重要的环境影响因子(或参数)。与此同时,还必须辨识出造成这些环境影响的工程环节。在实际工作中这两个环节是息息相关、紧密相连的。

(一)工程分析

工程分析是建设项目环境影响预测和评价的基础。其目的是通过对相关工程文件的分析研究,查清建设项目的性质、规模、主要工程环节或工艺过程及污染物的产生源、污染物种类、数量、治理措施、排放强度和排放方式,并初步估计其环境影响。

工程分析的方法以阅读研究相关的工程文件为主,必要时可向设计部门咨询或对类似工程进行实地考察。相关工程文件包括工程(预)可行性研究报告,工程初步设计文件等。公路建设项目工程分析应了解的主要内容,如表2-1-2所示。

公路建设项目环境影响评价工程分析主要内容　　　　表2-1-2

工程分析项目	主 要 内 容
工程性质	新建、改建、扩建、道路等级
工程规模	建设里程、路基宽度、设计交通量、立交、隧道、桥涵、附属设施(收费站、服务区、养护区、管理区等)的规模及数量
建设环境	地形(平原、丘陵、山区等)、城市、农村
路基工程	路基高度、挖方数量、筑路材料来源、取(弃)土场
路面工程	路面材料、沥青拌和场位置、拌和方式
防护工程	截水沟、护坡、挡土墙、排水沟、边坡绿化
污染物排放及治理	公路附属设施污水、废气、施工机械及交通噪声、汽车排放污染物

(二)环境影响因子的识别和筛选

环境影响识别是指识别受一项开发行为或项目影响的环境要素的各种因子(或参数),受影响的环境因子可以按环境要素及参数分类。道路项目一般为大型建设项目,对自然环境和社会环境(社会经济、社会生活)有较大影响,尤其是生态环境和环境污染如声、水、大气等的影响。每个道路项目因其工程性质(如城市道路,高速公路,一、二级公路,大桥)和所在地区(如平原、山区)的不同,对环境影响的种类和程度有差别。因此,对某个道路项目进行环境影响评价时,在项目工程分析和所在地区环境分析的基础上,应对项目可能产生的潜在环境问题,即环境影响因子进行分析识别,以便进行环境影响评价因子筛选。

环境影响因子识别的方法较多,如叙述分析法和项目类别矩阵法等。表2-1-3所示为常用的公路建设项目环境影响因子识别矩阵,表中列出了项目施工期、运营期的主要工程活动及主要环境影响因子。对于某个公路项目,针对具体情况,表中用符号标出了各阶段可能产生的环境问题及其影响大小。

经环境影响因子识别后,需进行环境影响评价因子(简称评价因子)筛选。筛选是为了找出项目建设可能对环境产生有较大影响的因子,确定环境影响评价专题及其评价内容,同时确定各专题评价工作等级、评价范围及项目建设环境保护目标。

环境影响因子识别和评价因子筛选,对环境评价工作非常重要,既可以使环境评价抓住主要环境问题,又可及时将信息反馈给工程设计和建设单位,针对潜在的重大环境问题采取相应的环境保护对策。

公路项目环境影响因子识别矩阵　　　　　　　　　　表 2-1-3

工程及活动		环境污染				生态环境						社会环境								生活环境					
		噪声	地表水	空气	振动	保护区	植被	土壤侵蚀	土地资源	野生动物	水文	征地	再安置	农业生产	公路交通	水利设施	发展规划	社会经济	文物	通行交往	环境质量	就业	经济	安全	环境景观
施工期	施工前准备											•	•											▲	
	取土、弃土																								
	路基施工	▲		▲	▲	•	•	•	•	•					▲	•			•	▲	★	△	△	★	▲
	路面施工																								
	桥梁施工																								
	隧道施工																								
	材料运输																								
	料场																								
	施工营地																								
	施工废水																								
	沥青搅拌																								
	绿化及防护工程																								
运营期	养护与维修																								
	交通运输	•		▲	★	•									○		○	○		▲	★	☆	△		
	路面径流																								
	交通事故																								
	路基																								
	构造物																								
	服务设施																								

注：○/●——正/负重大影响；△/▲——正/负中等影响；☆/★——正/负轻度影响。

(三)环境影响评价专题

按照《环境影响评价导则总纲》的相关规定,环境要素的评价工作等级可分为三级。一级应进行全面、深入的评价；二级应针对重点问题进行深入评价；三级为一般性评价。生态环境、声环境和环境空气影响评价划分为三个工作等级,其他环境要素可只进行敏感段与一般路段的划分,并确定相应的评价工作内容和深度,不划分评价等级。就具体项目,个别环境要素评价,如环境空气,可不进行环境现状实测,而只进行简单的叙述、分析。

各个环境要素专题中主要包括环境现状调查、环境现状评价、环境影响预测、环境保护措施等内容。在此,主要确定以各个环境要素评价的工作等级、工作范围。

1. 生态环境影响评价专题

按公路所经地区不同的生态系统类型进行分段评价,并分别确定评价工作等级。应针对可能产生重大影响的工程行为及其涉及的敏感生态系统明确重点评价区域和关键生态影响因子。

(1)路段评价工作等级划分

①三级评价。

评价范围内无野生动植物保护物种或成片原生植被,不涉及省级及以上自然保护区或风景名胜区,不涉及荒漠化地区、大中型湖泊、水库或水土流失重点防治区的路段。

②二级评价。

评价范围内涉及荒漠化地区、大中型湖泊、水库,或水土流失重点防治区,但评价范围内无野生动植物保护物种或成片原生植被,不涉及省级及以上自然保护区或风景名胜区的路段。

③一级评价。

评价范围内涉及野生动植物保护物种或成片原生植被,或涉及省级及以上自然保护区、风景名胜区的路段。

(2)生态环境影响评价范围

三级评价范围为公路用地界外不小于100m。二级评价范围为公路用地界外不小于200m。一级评价范围为公路用地界外不小于300m。当项目的建设区域外有高陡山坡、峭壁、河流等形成的天然隔离地貌时,评价范围可以取这些隔离地物为界。

省级及以上自然保护区的实验区划定边界距公路中心线不足5km者,宜将其纳入生态环境现状调查范围,并根据调查结果确定具体评价范围。

对于受工程建设直接影响的原生、次生林地,应以其植物群落的完整性为基准确定评价范围。

2.声环境影响评价专题

声环境影响评价包括施工期噪声影响评述和运营期交通噪声影响评价。运营期评价划分为路段交通噪声评价和敏感点(路段)噪声评价。敏感点(路段)噪声评价应根据噪声敏感目标的位置、功能、规模及路段交通量确定评价工作等级;路段交通噪声评价只进行一般性的预测分析。

(1)敏感点噪声评价的基本原则

敏感点噪声评价可划分为三级,划分基本原则如下:

①三级评价:满足如下任一条件时。

a.预测交通量:路段近期预测日交通量不超过5000辆标准小客车。

b.噪声敏感目标规模:少于200名学生的学校、少于20张床位的医院、疗养院等;少于50名常驻居民的居民点。

c.噪声敏感目标距路中心线距离大于150m。

d.敏感点不在城市规划区的公路项目。

②二级评价:满足如下任一条件时。

a.噪声敏感目标规模:有200名以上学生的学校、有20张床位以上的医院、疗养院、有对噪声有限制要求的保护区等噪声敏感目标且其距路中心线距离在100~150m范围内。

b.噪声敏感目标规模:有连续分布的50名以上常驻居民的居民点且其距路中心线距离在60~100m范围。

c.预测交通量及功能区划:通过县级以上城市已规划区且运营近期预测日交通量超过5000辆并小于10000辆标准小客车。

d.敏感点处于城市规划区的新建二级(含)以下公路项目。

③一级评价:满足如下任一条件时。

a.噪声敏感目标规模:有200名以上学生的学校、有20张床位以上的医院、疗养院、有对噪声有限制要求的保护区等噪声敏感目标且其距路中心线距离在100m范围内。

b.噪声敏感目标规模:连续分布的50名以上常驻居民的居民点且其距路中心线距离在60m范围内。

c.预测交通量及功能区划:通过地区级以上城市已规划区且运营近期预测日交通量超过10000辆标准小客车。

d.敏感点(路段)如同时符合不同评价等级的条件时按较高评价等级执行。

(2)声环境影响评价范围

声环境影响评价范围为路中心线两侧各200m范围。

3.环境空气影响评价专题

环境空气运营期评价分为敏感点评价和路段评价。敏感点评价长度按环境空气敏感目标分布确定,路段评价长度一般采用工程可行性研究报告交通量预测划分。敏感点评价按环境空气敏感目标规模、路段交通量确定评价工作等级,路段评价只进行一般分析评价。

公路建设项目施工期环境空气评价因子为总悬浮颗粒物(TSP),必要时增加沥青烟,运营期环境空气评价因子为二氧化氮(NO_2),必要时增加一氧化碳(CO)。

(1)敏感点评价的划分原则

敏感点评价可划分为三级,划分原则如下。

①三级评价:符合以下任一条件时

a.运营近期交通量小于20000辆/日(标准小客车)。

b.运营近期交通量大于20000辆/日(标准小客车)小于50000辆/日(标准小客车),且评价范围内无50户以上居民区、学校等敏感目标。

②二级评价:符合以下任一条件时

a.运营近期交通量小于50000辆/日(标准小客车)而大于20000辆/日(标准小客车),但评价范围内有50户以上居民区、学校等敏感目标。

b.运营近期交通量大于50000辆/日(标准小客车)且评价范围内无50户以上居民区、学校等敏感目标。

③一级评价,符合以下条件时

a.运营近期交通量大于50000辆/日(标准小客车),且评价范围内有50户以上的居民区、学校等敏感目标。

b.敏感点处于城市规划区的新建一级(含)以上公路项目。

(2)环境空气影响评价范围

评价范围:公路中心线两侧各200m范围。如果附近有城镇、风景旅游区、名胜古迹等保护对象,评价范围可适当扩大到路中心线两侧各300m的范围。

4.地表水环境影响评价专题

地表水环境影响评价只对公路所经区域河流(包括河口)、湖泊、水库的环境影响进行评价,不包括沼泽、冻土区以及水生生态。运营期评价可根据项目具体的污染特征和地表水环境现状,划分为敏感路段和一般路段分别进行。评价范围应符合下列要求:

(1)路中心线两侧各200m范围内;路线跨越水体时,扩大为路中心线上游100m、下游1000m范围内。

(2)当建设项目的污水直接排入城市排水管网时,评价点应为建设项目污水排入城市排水管网的接纳处。

(3)当项目排污的受纳水体为开放性地表水水域(含灌溉渠道)时,评价范围应为建设项目排污口至下游100m。

(4)当项目排污的受纳水体为小型封闭性水域时,评价范围为整个水域。

5. 社会环境影响评价专题

公路建设项目社会环境影响评价是指对拟建公路项目所引起的社会环境变化进行定性或定量的分析评价,以及提出消除或减缓不良效果的措施。

社会环境影响评价分路段进行。应根据行政区划、自然和社会环境特征以及项目影响情况划分路段,在不同路段内选择代表性点或代表性路段进行分析评价。另外应根据已建的公路建设项目社会环境影响的调查资料或项目后评价资料,进行类比分析与评价。

(1)评价因子与评价范围

社会环境影响评价包括区域社会环境评价和沿线社会环境评价。

①区域社会环境评价因子一般为矿产资源利用、工农业生产、地区发展规划、旅游资源、文化教育等;评价范围宜是线路直接经过的市、县一级行政辖区,或可行性研究报告中划定的直接影响区。

②沿线社会环境评价因子一般为社区发展、农村生计方式、居民生活质量、土地利用、基础设施、文物古迹、旅游资源等;评价范围宜是受公路直接影响的区域,评价对象为路域范围内直接受影响的个人、群体或单位。

评价因子视其受项目的具体影响程度分为重大影响评价因子、中等影响评价因子和轻度影响评价因子;影响视其结果又分为正影响和负影响。

(2)评价内容

应根据地区经济特点和工程特征,对各评价因子的重要程度进行研究,并进行筛选。

评价内容应根据评价因子筛选结果确定。对确定为重大影响的评价因子进行详评,中等影响的因子进行简评,轻度影响的因子进行简评或不评。具体包括下列内容:

①项目建设对评价区域内的社会经济发展、规划和产业结构等的宏观影响。

②项目建设对公路沿线民众的生计方式、生活质量、健康水平、通行交往等影响。

③项目建设对沿线基础设施(含防洪)的影响。

④项目建设对沿线社区发展及土地利用的影响。

⑤项目建设促进评价区域旅游和文化事业发展的作用。

⑥项目建设对评价区域交通运输体系的改善作用。

⑦项目建设对评价区域内矿产资源开发和工农业生产的宏观影响。

⑧项目建设对沿线文物和旅游资源保护与开发的影响。

⑨其他一些特殊或具体的问题的分析,如少数民族、宗教习俗等。

根据项目公路等级、建设规模、所处位置、所在地区自然和社会环境特征等具体情况,分路段对社会环境影响因子进行筛选(见表2-1-4),确定其重要程度。

6. 水土保持专题

对于路线处于山区、丘陵区、风沙区(简称"三区")的公路建设项目,按有关规定需编制独立成册的《水土保持方案报告书》。因此,在环境影响报告书中水土保持的内容可相应适当简化,只需引用《水土保持方案报告书》中的相关结论内容。

社会环境影响评价因子筛选表　　　　　　　　表2-1-4

评价时段	农民生计方式	生活质量	拆迁安置	矿产资源	土地利用	基础设施	文物古迹	地区发展规划	通行交往	工农业生产	旅游资源	…
	1	2	3	4	5	6	7	8	9	10	11	
施工期												
运营近期												
运营中远期												

注：符号"●"为重大影响；"▲"为中等影响；"○"为轻度影响；"-"为负影响；"+"为正影响。

Ⅰ 社区发展：社区指聚居在一定地域范围内的人们所组成的社会生活共同体，它包括地域、共同关系和社会互动。社区发展指建设项目路线经过地带的社会群居体的地域、共同关系和社会互动关系的发展情况。以连续的社区为研究对象，从整个社区中间通过者为重大影响；从整个社区2/3处通过者为中度影响；从社区边缘通过者为轻度影响。

Ⅱ 农村生计方式：指农村居民从事农、林、牧、副、渔等生产的情况及其收入所占的比例。以受影响而改变生计方式的人口数量为研究对象，50%以上人口改变生计方式者为重大影响，20%～50%人口改变生计方式者为中度影响，20%以下人口改变生计方式者为轻度影响。

Ⅲ 基础设施：指项目影响区内防洪、农田灌溉、交通、通信、电力等设施。以项目对其占用、干扰、拆迁等影响量为研究对象，在一定的路段内，影响量达到原区段内相应设施数量50%以上者为重大影响；影响量为20%～50%者为中度影响；影响量为20%以下者为轻度影响。

Ⅳ 征迁安置：指公路建设项目征地、拆迁和再安置。宜分不同路段或地区进行影响评估（通常以乡为统计单位）。占用耕地量大于区段内耕地量40%以上者为重大影响，在20%～40%之间者为中等影响，小于20%者为轻度影响。

Ⅴ 文物古迹：直接经过省级及以上文物单位保护范围者为重大影响；从省级及以上文物单位边缘经过，或直接经过市县级文物单位保护范围者为中度影响；从市县级文物单位边缘经过，或经过无保护等级文物单位者为轻度影响。

Ⅵ 土地利用：从已规划用地中间通过者为重大影响；从已规划用地范围2/3处通过者为中度影响；从已规划用地边缘通过者为轻度影响。

Ⅶ 旅游资源：指已确定的旅游区，或有自然和文化特色具备开发旅游的地域。从地域中间通过者为重大影响；从2/3通过者为中度影响；从边缘通过者为轻度影响。

在"三区"外的公路建设项目不需编制独立成册的《水土保持方案报告书》，但需在环境影响报告书中列专章或专节进行评述。此类项目，应遵循点线结合、以点为主的原则，主要针对局部高填深挖路段、不良地质路段、长隧道、特大及大型桥梁和集中取弃土(渣)场进行水土保持评述。

7. 公路景观影响评价专题

公路景观评价分为内部景观评价与外部景观评价。内部景观评价对象为工程构造物。外部景观评价对象为景观敏感区。无特殊工程构造物时，可不进行内部景观评价；无景观敏感区时可不进行外部景观评价。公路景观评价应突出对景观敏感路段的评价。

公路景观评价内容，包括以下几个方面：

(1) 内部景观评价应选取代表性构造物进行评价。应对工程构造物的造型、色彩等美学特性评价及其与周围环境的协调性进行评价。

(2) 外部景观评价应对景观敏感路段逐段进行评价。应对景观敏感区的完整性、美学价值、科学价值、生态价值及文化价值等方面因公路建设所受到的影响进行评价。

三、环境影响报告书

附：杭长高速公路延伸线（吉鸿路）环境影响报告书

建设单位：杭州康思建设项目管理有限公司、杭州市城市建设前期办公室

环评单位:浙江省环境保护科学设计研究院

编制日期:杭长高速公路延伸线(吉鸿路)环境影响报告书:二〇一〇年九月

1. 项目概况

项目名称:杭长高速公路延伸线(吉鸿路)

建设单位:杭州康思建设项目管理有限公司、杭州市城市建设前期办公室

工程规模:根据杭州市人民政府2010年4月26日关于杭长高速延伸段(吉鸿路)建设有关问题的专题会议纪要,根据项目所在区域的经济社会发展实际需要,将吉鸿路设计方案由原来的高架桥+地面道路改为完全地面道路,但其作为杭长高速延伸段继续保持高速公路的性质,并同时具备城市快速路的功能。

本项目按功能分为高速公路和城市道路两部分,吉鸿路采用地面"主线(高速公路)+辅道(城市道路)"的形式,吉鸿路为杭长高速延伸即高速公路的性质不变,并同时兼具城市快速路的功能。高速主线起点与绕城高速公路紫金港枢纽相接,辅道起点与规划庄墩路相接,主线终点为紫金港隧道与U形槽的交接处;匝道桥终点为留石快速路北侧的桥梁分联处,辅道终点与留石快速路地面辅道相接。该项目主线长度约为2.83km,辅道长度约为3.4km。主线在桩号K1+101处起桥,以跨线桥的形式上跨主干路苏嘉路—环镇北路、次干路镇中路后,在桩号K2+160处落桥;金渡北路和振华路以跨线桥形式上跨吉鸿路主线。辅道与相交道路均为平交,其中吉鸿路—庄墩路、吉鸿路—通济北路、吉鸿路—环镇北路、吉鸿路—镇中路交叉口均为全方向通行的路口;吉鸿路—张家洋路交叉口机动车东西向通行,慢行交通全向通行;其余相交道路都与吉鸿路辅道右转单向组织交通。单向右行的平面交叉其东西向慢行交通均被吉鸿路主线隔断,为了保障吉鸿路两侧区域慢行交通的有效沟通,根据规划在次干路董家路—支路竹桥路交叉口设置1座立体过街设施。

2. 项目沿线环境质量现状

2.1 社会环境现状评价

本工程途经西湖区及三墩镇属于杭州市人口相对较多、经济较为发达的区域,西湖区、三墩镇平均人口密度均高于杭州市区的平均水平(1367人/km^2),而三墩镇平均人口密度低于西湖区平均水平。三墩镇农业人口比例为22.0%,农业总产值仅为农村经济总收入的0.8%,可见,当地经济结构并不是以农业为主。从人口结构上看,虽然三墩镇以非农业人口为主,但本工程沿线区域仍以农村为主,从农民人均纯收入来看,西湖区和三墩镇农民人均纯收入高于杭州市农民人均纯收入(9549元),而三墩镇农民人均纯收入又高于西湖区农民人均纯收入。

可见,公路沿线村庄农民经济状况相对较好。

2.2 生态环境质量现状

根据《杭州市主城区生态环境功能区规划》,本项目工程沿线位于优化准入区(西湖三墩综合发展生态环境功能小区)。

本项目所经地区多为水田、旱地,改建公路沿线主要为城郊区域,沿线均为人类活动频繁区,植被主要是农田作物和路旁绿树,为人工栽培植物。经现场调查,沿线未涉及挂牌的古树和珍稀野生动植物。公路沿线影响范围内主要的土地类型为水田、菜地,但在三墩镇中所占的比例不大。

线路所经过区域主要以村镇景观和农田景观为主,现状沿线两侧基本为村镇住宅、农田、果园等。由于公路的建设和居民用地的分布,使得沿线的景观模块呈现差异化特征,农

田、菜地已受到不同程度的分割。

2.3 声环境现状

从现状噪声监测结果发现,大部分测点现状噪声基本可以满足相应的《声环境质量标准》(GB 3096—2008),5号(卸紫桥、大港桥)、6号(大港桥、西陈桥)、7号(大港桥村2)、8号(荡王头)、10号(三墩镇中心小学)测点由于受到附近环境噪声及交通噪声的影响略有超标,超标范围为0.4~10.5dB,其中三墩镇中心小学现状噪声超标情况最为严重。

总之,现状监测结果表明,现状声环境质量已经受到现有路段的交通噪声影响。

2.4 水环境质量现状

由现状水质监测情况看,沿线河流三墩港、女儿桥港已不能符合Ⅳ类水质功能区的标准。氨氮、总磷指标已超标。

2.5 环境空气现状

从环境空气现状监测资料来看,测点环境空气中SO_2、NO_2、CO均能满足二级标准。而PM10除个别指标高于二级标准外,其他日均指标均满足标准要求。因此,总体而言拟建公路区域的环境空气质量尚好。

3. 环境影响预测主要结论

3.1 社会经济环境影响

(1)社会经济正效益影响

本项目无论从完善区域交通网络、满足日益增长的交通需求与社会需求,还是从区域经济发展和产业结构调整,改善投资环境和推动城市化进程等诸多方面来看,本工程都是非常必要和十分紧迫的。

(2)社会经济负效益影响

房屋拆迁在做好拆迁安置和赔偿计划后,影响较小,而且有利于向中心集镇聚集,改善居住条件;在公路施工期由于施工运输除依靠临时的施工便道外,主要利用现状道路来分担,对局部交通和安全产生一定的影响;由于沿线某些通信设施、对水利排灌设施、对电力设施的拆迁,可能在短时间内会引起通信不畅、停电、排水不畅等;本项目未涉及有级别文物。

3.2 生态环境影响

公路对生态的影响主要体现在施工期。公路施工期对沿线生态环境的影响主要在路基建设、桥梁建设、施工场地等方面,其影响方式主要有占用农田、毁损植被、引起水土流失、造成农业减产和改变土地利用方式等。本工程施工活动包括土石方工程、桥梁工程、道路平整、施工机械的活动、材料堆放、临时场地等都会破坏原有地表植被,使区域内地表裸露增加,环境稳定性下降,对风力、水力作用敏感,易造成风力扬尘和水土流失;根据实地踏勘和调查,工程沿线为人类活动频繁区,不存在珍稀野生动物,只有一些常见的小型动物,且现状已有道路,因此本工程的建设对野生动物生存环境新增影响很小。本工程的桥梁规模小,长度短,所需要桥墩数量很少,因此,按照桥梁施工的环境保护措施,不会对水生态环境产生明显影响。

3.3 声环境影响

(1)施工期噪声影响

本项目建设期的多数施工阶段,昼间机械作业噪声的影响距离在50m以内,只有冲击式打桩机的噪声影响较大,但目前一般施工均采用钻孔式罐装机,可以避免该类设备高噪声的影响。建设期的多数施工阶段,夜间机械作业噪声的影响距离较远,因此工程施工需在昼间进行,尽可能避免夜间作业,确需夜间施工的要报请当地环境保护部门批准,并告示附近民众。

(2)运营期噪声影响

本评价对沿线共计10个规模较大的噪声敏感代表点进行评价,其中学校1所,村庄9个。沿线10个敏感点均存在不同程度的超标情况。临路第一排的噪声受道路交通噪声的影响较大,第一排建筑物以后的其他建筑前的噪声达标情况好于临路第一排建筑物。并且随着车流量的增加,各预测点中、远期昼、夜间噪声级均有所增加。

3.4 水环境影响

公路建设项目施工过程中对水环境的影响,主要来自施工作业中的生产污水和施工人员生活污水2个方面。

桥梁施工对水体的影响主要是悬浮物的影响,以及施工船舶的含油废水对水体石油类的污染。施工物料若堆放管理不当,在雨季流入附近水体,对水环境也造成一定影响。本工程投入运营后,不设收费站等服务设施,故无经常性污水产生。从公路的线路走向可见,本公路跨越河道较少,在雨期,路面径流分散在各条江河中,被迅速稀释(2h 内影响会逐渐减弱),公路路面径流基本不会对沿途经过的水体造成明显的影响。

3.5 空气环境影响

施工阶段,对空气环境的污染主要来自施工工地扬尘、施工车辆尾气及路面铺浇沥青的烟气。道路的堆料场扬尘影响范围100～150m,灰土拌和扬尘影响范围200m,沥青烟气影响范围300m。

从预测结果看,本公路运营近、中、远期预测年份交通量状况下,NO_2 和 CO 叠加背景浓度后,公路两侧20m处地面小时浓度能符合标准要求。

4. 污染防治

4.1 降低社会环境影响的措施

选线时尽可能避开敏感点。对涉及拆迁的住户,按有关文件规定,做好拆迁安置。施工期主要运输通道(临时设置)应远离居民区,尽可能避免与现有交通线路交叉或同时运行,争取运距最短。统一组织交通管理,避开交通高峰期。道路设计部门在设计时与电力、邮电等部门协调对策方法,减少电力及通信设施拆迁,必需拆迁,先修建替代设施后再进行拆除。

4.2 噪声污染防治措施

选线时尽可能避开村庄、学校、医院等敏感点。纵坡设计中尽可能减少坡度,降低车辆爬坡时的声级增加值。选用低噪声的路面材料结构,降低轮胎与地面的摩擦声。中央分隔带和防护栏的条形板应选择自重大的材质并尽可能加大厚度(>3mm),以免高速气流引发薄板共振而产生噪声。

施工期加强对施工机械和运输车辆的保养维修;在敏感点附近施工时,施工场地采用隔声围护,夜间停止施工,如需连续作业,应报当地环境保护部门批准,并公告居民;完善公路警示标志,设立禁鸣等标志,以提醒过往车辆禁止鸣笛。

道路两侧各150m范围内不得新建学校、幼儿园、医院等噪声敏感建筑物;道路边界外50m范围内不安排新建住宅区。

根据本工程的交通噪声影响特点,采用声屏障及隔声窗等降噪措施降低交通噪声对两侧敏感点的噪声影响。

4.3 生态环境保护措施

注重优化施工组织和制定严格的施工作业制度。挖填施工尽可能安排在非雨汛期,并缩短挖填土石方的堆置时间。农田的清基耕植土、路基开挖的土石方均需集中堆置,且控制在征用的土地范围之内。堆置过程中做好堆置坡度、高度的控制及位置的选择。表层耕植土和泥浆一般可用于道路绿化的回填土,在回填前,表层耕植土和经沉淀后的泥浆的临时堆场须采取袋装耕植土围护,以减少施工期水土流失量,提高绿化面积,保证耕地和基本农田的占补平衡。

4.4 水环境保护措施

本项目所在区域河道水体有北沙斗河、三墩港等,水环境功能参照执行Ⅳ类水质功能区。公路桥梁应设计防撞护栏,并采用有效排水工艺,防止污染河流水质。在桥梁的设计中,在桥墩设置集水沟管和集水池,给危险品车辆的抢救工作留有时间;集水池废水用槽罐车送污水处理厂。

4.5 环境空气污染防治措施

施工期执行《杭州市城市扬尘污染防治管理办法》。运输道路应定时洒水,土、水泥、石灰等材料运输禁止超载,并盖篷布。根据杭州市建筑施工管理有关规定,除设有符合要求的防护装置外,不得在工地内熔融沥青,禁止在工地内焚烧油毡、油漆以及其他产生有害、有毒气体和烟尘的物品;本工程施工时不自设沥青拌和站,路面沥青拌和材料均向当地企业购买。

运营期执行《杭州市机动车辆污染物排放监督管理办法》。加强道路的清扫,保持道路的整洁,遇到路面破损应及时修补,以减少道路扬尘的发生。做好沿线绿化带的绿化工作,并做好绿化工程的维护。规划部门控制公路红线两侧200m范围内的土地利用。

5. 环境影响评价的结论要点

杭长高速公路延伸线(吉鸿路)建设能有利于实施省市交通规划,进一步完善高速公路路网,沟通杭长高速公路和杭州城市道路,完善区域路网布局结构,推动区域经济和杭州旅游业发展。但项目在建设期和运营期将产生一定的环境影响。在建设和运行中,根据本评价提出的有关污染控制措施和生态保护措施,将其不利影响降低到最低;在此基础上,从环境保护的角度分析,本项目的建设是可行的。

学习单元二

公路环境保护总体设计

【思考】某公路的布线位置如图2-2-1所示,请思考如下问题:
(1)请分析该公路沿线环境保护目标(环境敏感点)主要有哪些?
(2)在公路设计阶段如何体现环境保护的总原则?

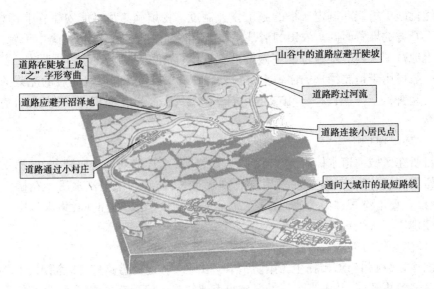

图 2-2-1　某地区公路线位图

【实例】公路线位以保护生态资源、自然景观为原则，尽可能远离生态环境敏感点，尽量避开生态价值损失比较大的区域，最大限度尊重原始地形、地貌，避免大填大挖，以利于水土保持，对确实避让不了的山脉则采用隧道方案。如杭高速梯子山隧道，是浙江省高速公路上的第一个隧道，原始设计是大开挖，当时山的背面已经开始爆破，山上有一条 104 国道，旁边是太湖。大开挖要把山上许多树木砍伐，破坏环境景观，后来变更了设计，改为隧道方案，尽管隧道投资大了一些，但是环境效益显著。

环境保护是一项基本国策，我国公路建设项目的设计和施工，历来十分重视对自然环境的保护工作，特别是在公路选线、确定桥梁位置、综合排水、防止水土流失等方面积累了丰富的经验。为消除和减轻对环境的负面影响，公路工程建设项目必须从设计阶段开始重视环境保护工作。

公路环境保护设计不是一个独立的专业设计问题，它与公路各专业勘测设计密不可分，环境保护设计的许多具体措施不可能脱离主体工程设计对环境保护观念的落实，同时对主体工程的设计又要求从环境保护角度考虑方案与对策。为使环境保护设计与公路主体工程设计、环境保护措施与工程措施间关系协调，以最少的环境保护投入达到理想的环境保护效果，在公路设计中必须进行环境保护总体方案设计与综合设计。

公路项目的环境保护设计贯穿于项目各个设计阶段和主体工程设计的各个组成部分。从公路的路线设计、路基设计、路面设计、桥涵设计、沿线设施设计都无不与环境保护或水土保持有关。要搞好公路的环境保护工作，应执行国家和行业主管部门颁发的相关法规和规范。如：《公路建设项目环境影响评价规范》（JTG B03—2006）、《公路环境保护设计规范》（JTG B04—2010）、《公路绿化规范》等，这些规范中都有对公路环境保护的要求，均为公路环境保护设计的重要依据。

一、公路环境保护总体设计

公路工程环境保护总体设计应结合工程项目的自然环境、社会环境、交通需求、地区经济发展等工程建设条件，以保护沿线自然环境、维护生态平衡、防治水土流失、降低环境污染为宗旨,以环境敏感点为主,点、线、面相结合,确定环境保护总体设计原则和工程方案。

公路建设项目除工程方案因素比选外,还应对该地区相关环境敏感点进行深入调查,充分研究工程与环境的相互影响,论证不同公路路线方案给沿线环境带来的不同影响。公路环境保护总体设计应突出环境协调、技术先进、经济合理;环境保护设施应安全适用,便于养护。

1. 环境保护设计的原则

公路设计阶段的环境保护应遵守预防为主、保护优先、防治结合和综合治理的原则,并结合工程设计开发利用环境,尽可能地改善和提高公路环境质量。要树立预防为主、保护优先、不破坏就是最大的保护等环境保护观念,在工程设计开始阶段即从主观上考虑环境保护问题,通过设计上的努力,避免引起环境破坏和污染,达到最小程度地破坏、最大限度地恢复和保护环境的目的。防治结合、综合治理是当今环境保护新技术、新材料的发展趋势,也是最经济有效的环境保护措施。公路设计阶段的环境保护工作,贯彻"预防为主"的原则主要体现在公路设计中对各类环境保护目标或环境敏感点的避让方面。由于公路设计同时涉及诸多方面,一旦采用避让措施不能满足环境保护相关功能、相关环境质量标准要求时,即应针对该项目经相应政府主管环境保护部门批复的环境影响报告书(表)中所提出的环境保护措施与建议,拟定环境保护总体设计方案并进行论证,在初设或施工图设计阶段根据审定意见作出环境保护工程设计。

鉴于公路工程线长面广,公路在施工期与运营期对沿线自然环境、生态环境、社会环境、声环境、环境空气、水环境以及水土保持等均会产生不同程度的负面影响,公路作为主体工程从前期工作一开始就不可忽视对环境的影响。在设计中应妥善处理好主体工程与环境保护之间的关系,尽可能从路线方案、技术指标的运用上合理取舍,而不过多地依赖环境保护设施来弥补。当公路工程对局部环境造成较大影响时,应进行主体工程方案与采取环境保护措施间的多方案比选。

综上所述,公路建设项目在设计阶段就应重视环境保护工作,而且应该将重点放在"预防"措施或方案上,这样将充分体现是主动搞好环境保护工作。也只有这样才能做到公路建设与环境保护的协调发展,才能保障公路建设的可持续性发展。

2. 公路环境保护总体设计要求

(1)公路选线应结合地形条件,与自然环境融为一体。

(2)公路构造物应结合区域环境进行设计,与周围环境相协调。

(3)路线平、纵、横组合得当,线形均衡、行车安全,为用户提供良好的行车环境。

(4)公路主体及沿线设施用地规模适当,保护土地资源,有利于社会环境协调发展。

(5)防护措施合理、有效,防治水土流失,减少地质灾害对工程的影响。

(6)落实环境影响评价文件中提出的各项措施,对施工与运营期可能产生的声、气、水等各种污染进行综合治理。

3. 环境保护设计应避绕的敏感点

环境敏感点是针对具体目标而言的,通常分为声环境、环境空气、生态环境、水环境、社会环境等各类环境敏感点。

(1)声环境敏感点是指:学校、医院、疗养院、城乡居民聚居区和有特殊要求的地区。

(2)环境空气敏感点是指:学校、医院、疗养院、城乡居民聚居区和有特殊要求的地区。

(3)生态环境敏感点主要是指:各类自然保护区、野生保护动物及栖息地、野生保护植物及生长地、水土流失重点防治区、基本农田保护区、森林公园以及成片林地与草原等。规范建议生态环境的设计范围为公路中心线两侧各300m范围内的自然保护区、水源保护地、基本农田保护区、森林、草原、湿地和野生生物及其栖息地等。

(4)水环境敏感点主要是指:河流源头、饮用水源、城镇居民集中饮水取水点、瀑布上游、温泉地区、养殖水体等。

(5)社会环境敏感点主要是指:与城市规划的协调、重要的农田水利设施、规模大的拆迁点、文物、遗址保护点等。

4.环境保护设计避绕敏感点的距离

(1)公路中心线位距声环境敏感点宜大于100m,其中距学校教室、医院病房、疗养院宜大于200m。

(2)公路中心线位距环境空气敏感点的距离,当执行环境空气一级标准时,应大于100m。沥青混合料及灰土搅拌站的厂址应设立在环境空气敏感点的主导风向的下风向一侧,且距离不宜小于300m。

(3)公路中心线位距生态环境敏感点(针对省级以上自然保护区而言)边缘的距离不宜小于100m。

(4)公路中心线位距地表水环境质量标准为Ⅰ~Ⅲ类水质的水源地应大于100m。当路基边缘距饮用水体小于100m,距养殖水体小于20m时,应采取隔离防护措施。

(5)桥位轴线距自来水厂取水口上游应大于1000m,距下游应不小于100m。

5.环境保护设计的主要项目

在设计阶段环境保护设计的主要依据除行业颁发的相关规范外,还有该公路建设项目的环境影响报告书(表)中所提出的各类环境保护措施。因为公路项目的走向与线位布设受多种因素的制约,对环境敏感点的避让距离不一定都能达到生态环境、声环境、水环境、环境空气等质量要求的目标,在这种前提条件下,公路建设与运营就不可避免地会对沿线的环境质量产生一定的负面影响,对部分环境敏感点的影响会严重超过其本身环境功能区的质量指标要求。对于这样的敏感点,就应贯彻谁造成污染、归谁治理的原则,由公路的建设单位负责给予治理。由此,就产生了公路建设的环境保护设计以及环境保护投资经费的概算且这类环境保护设计与经费的概算,均应在公路设计文件中给予落实。

目前在我国公路设计阶段的环境保护设计的主要项目有声屏障的设计、绿化美化工程设计、保护野生动物通道设计、服务区生活污水处理设计、大量弃土(渣)场的整治设计等。但是,由于环境工程设计的专业性较强,在实际运作过程中可以另行委托有设计资质的单位承担。

在公路的设计与施工过程中,水土保持工作是不可忽视的,公路行业多年来都是十分重视的。特别是高速公路的建设过程中,为了确保公路的畅通,在公路的防护工程与排水工程方面已做了大量工作,这些工程的实施不但发挥了公路本身的防护功能,同时也大为提高了公路各类边坡坡面的水土保持功能,这是有目共睹的。但是,对于集中弃土(渣)场的整治设计目前的力度尚不到位,应引起重视,尤其在重丘、山岭区与沿河溪的公路建设,更应关注这一个议题。

水土保持方案中所涉及的水土保持工程如拦渣工程(主要包括拦渣坝、拦渣墙、拦渣堤等)、护坡工程、土地整治工程、防洪排水工程、防风固沙工程、泥石流防治工程、绿化工程等均应在环境保护设计中给予落实;同时这也是贯彻执行《水土保持法》的具体体现。

二、公路环境保护设计要点

(一)公路选线

公路应结合地形、地物条件,针对路线所处区域的不同环境特征和不同的环境保护对象,依据有关的法规、标准、规范,在不降低安全性的前提下,通过合理选择标准和灵活运用设计指标,对不同的环境保护对象进行不同的设计,寻求达到更符合公路沿线可持续发展的需要。路线方案选择,除应做到地形选线、地质选线外,还应做到安全选线、环境保护选线。应选择有利于环境保护或对环境影响小的方案;应选择纵坡平缓、线形均衡、行车安全的方案;应选择少占耕地,有利于社会协调发展的方案等。公路布线实例如图2-2-2~图2-2-4所示。

图2-2-2 公路布线案例

图2-2-3 公路布线案例

(1)平原地区公路环境保护设计的重点在于:

①降低路基高度,保护土地资源;合理设置通道,减少公路对当地居民出行及景观的影响。

②减少取土、弃土方式对土地利用方式、土壤耕作条件和农田水利排灌系统的影响。

③减少路面汇水对养殖业水体的影响。

(2)地形复杂的山区,公路环境保护设计的重点在于:

①重视桥隧方案的选用,减少高路堤和深路堑对自然景观、植被及地质条件的影响。

②减少公路对珍稀动植物的影响。

③重视路基开挖、取(弃)土对水土保持的影响。

④严禁大爆破作业及乱挖、乱弃,预防诱发地质灾害。

⑤注意路基开挖对受国家保护的不可移动文物等的影响。

图2-2-4 公路布线案例

⑥注意隧道工程对当地原有水资源的影响。

(3)绕城公路或接城市出入口公路环境保护设计的重点在于：

①公路与城市规划的协调。

②减少拆迁工程数量。

③方便当地居民的出行。

④选择、利用、创造、改善环境景观。

⑤采取综合措施，降低交通噪声、废气、废水等对环境的污染。

(二)线形设计

公路线形设计应注重安全、环境保护、社会等因素，科学确定技术标准，合理运用技术指标。具体注重下列要点：

(1)公路自身线形的协调、公路线形与结构物的协调及公路线形与环境的协调，公路平、纵线形组合满足汽车速度协调性的要求。

(2)合理控制互通式立交规模，减少工程量和占地；合理运用互通式立交匝道指标，满足车流顺畅运行的要求。

(三)路基路面设计

路基路面设计应结合工程地质条件，因地制宜、就地取材，综合考虑下列因素：

(1)合理选择路基高度，有条件时宜采用低路堤和浅路堑方案，路基边坡顺应自然。

(2)重视路基及取(弃)土场范围内的表土保护与利用。

(3)充分利用现有料场，新设料场应考虑其位置、开采方式、数量等对坡面植被、河水流向和水土保持等的影响。

(4)弃方应集中堆弃，重视弃方的位置、数量等对自然环境的影响。

(5)路基路面综合排水工程设施应自成体系，不得与当地排灌系统相互干扰。

(6)路基防护形式应根据当地的自然条件合理选用，有条件时宜采用植物防护；水土流失严重或边坡稳定条件较差时，宜采用工程防护与植物防护相结合的方法，并重视表面植被防护。

同时，还应在设计时注入灵活设计的理念，根据工程项目的具体情况以及环境问题的凸显点采用不同的设计方法、设计标准，采取不同的环境保护措施。国家成功的路基设计例子很多，如图2-2-5～图2-2-11所示。

图2-2-5 路基设计案例

图2-2-6 路基设计案例

图 2-2-7 路基设计案例

图 2-2-8 路基设计案例

图 2-2-9 路基设计案例

图 2-2-10 路基设计案例

(四)公路交叉环境保护设计

公路交叉环境保护设计应根据公路网规划和相交公路状况,针对自然地形、地质条件以及社会环境等特点,结合公路交叉主体工程,综合考虑确定方案,并符合下列规定:

(1)互通式立交设计应在满足公路交叉使用功能的同时,考虑交叉形式、布局的美观;立交区综合排水系统应与路线综合排水系统统一考虑。

(2)互通式立交的匝道边坡宜放缓,设土质边沟或不设边沟,贴近自然,充分与环境协调。

(3)互通式立交主线桥和匝道桥应进行上跨与下穿的方案比选;上跨主线结构物的跨径应合理布置,主线两侧宜设置边孔;合理确定桥上纵坡及桥头路基高度。

(4)分离式立交桥的结构形式应考虑行车视距和视觉效果,与周围环境相协调。

互通立交设计实例,如图 2-2-12 所示。

(五)桥隧环境保护设计

桥梁、隧道工程与路线工程相比,无疑造价是昂贵的。但是,除了跨河设桥,深挖造价过大设置隧洞等一些位置必须设置桥隧工程外,个别路段即使付出比较沉重的投资代价,也应采用傍山桥、沉河桥、明挖覆盖隧道、棚洞等措施,以减少公路对环境的大面积破坏,如图 2-2-13 ~ 图 2-2-18 所示。

图 2-2-11 路基设计案例　　　　　　　图 2-2-12 互通立交案例

图 2-2-13 以桥代路案例　　　　　　　图 2-2-14 以桥代路案例

图 2-2-15 隧道设计案例　　　　　　　图 2-2-16 隧道设计案例

桥隧环境保护设计应结合地质、水文、气象、地震等情况，考虑施工和运营环境进行多方案论证，并符合下列要求：

（1）桥隧位置的选择应综合考虑接线设计，与周围山川、沟谷等自然景观协调；桥梁的导流设施应自然平顺；隧道洞口总体布置应贴近自然，洞门不宜过分进行人工化修饰。

（2）隧址应避开或保护储水结构层和蓄水层，保护地下水径流和地表植被。

图 2-2-17　棚洞设计案例　　　　　图 2-2-18　桥高程控制案例

(六)服务、管理设施设计

服务设施、管理设施的位置、规模应充分考虑人性化,结合自然景观合理确定。其设计应符合下列要求:

(1)服务设施、管理设施的位置应避让饮用水源二级以上保护区。
(2)服务区、停车区应合理布设,充分考虑驾乘人员的需求。
(3)对生活污水、废弃物等应进行综合治理。
(4)污染防治措施应进行多方案比选。
(5)拟分期实施的防污染设施应综合论证并注意近期和远期有机结合。
(6)结合区域路网、地形、景观和地域文化等环境进行景观设计。

三、公路环境保护设计内容

(一)公路工程可行性研究阶段

在可行性研究阶段应重视环境影响分析和地质灾害危险性分析工作。其设计内容包括:

(1)通过广泛调查公路沿线的人口结构、经济发展、公共卫生、文化和基础设施、土地和矿产资源、旅游和文物古迹资源等社会环境状况,进行社会环境影响分析。
(2)通过全面调查公路沿线野生动植物的种类、保护级别、分布概况、生长习性及演替规律等生态环境和水土保持状况,结合公路工程实际进行生态环境影响分析。
(3)依据分段调查公路沿线的城镇、风景旅游区和名胜古迹及有关的环境敏感点分布状况,结合当地地形、地貌特点和既有工业污染源的排放特性进行环境空气影响分析。
(4)通过重点调查公路沿线的学校、城乡居民聚居区和医院、疗养院及有关的环境敏感点分布状况,结合公路施工和运营等实际情况进行环境噪声影响分析。
(5)通过深入调查公路沿线各种不良工程地质分布状况,结合公路工程涉及范围进行地质灾害危险性评价,编制水土保持方案。

(二)公路工程初步设计阶段

在公路工程初步设计阶段应将环境保护要素作为方案比选论证的重要因素,落实环境影响评价文件和水土保持方案中提出的环境保护和水土保持的各项要求,合理确定路线方案。其设计内容包括：

（1）依据公路沿线环境敏感点的位置、影响因素和影响范围，选择相应的保护措施和方案。

（2）结合当地自然环境，因地制宜地进行公路绿化和景观设计。

（3）根据声环境敏感点的性质进行噪声污染防治设计。

（4）针对环境影响评价文件提出的环境保护措施和水土保持方案进行环境与公路工程的协调性论证，并落实减少或避免环境侵害的实施方案。

（5）根据公路沿线设施的规模及排放标准提出经济合理的污水处理设计方案。

（三）公路工程施工图设计阶段

在公路工程施工图设计阶段应根据初步设计的审定方案进行环境保护的工程设计，把保护沿线自然环境、维护生态平衡、防治水土流失作为重要因素，在各专业设计中予以考虑和体现。其设计内容包括：

（1）根据初步设计提出的环境保护措施和方案，按照公路沿线环境敏感点的特性，进行环境保护设施的施工图设计。

（2）完成公路绿化和景观图设计，包括互通式立交和服务区等重点工点的施工图设计。

（3）根据声环境敏感点的性质进行声屏障的施工图设计。

（4）按照初步设计提出的环境保护措施和水土保持方案进行环境与公路工程的施工图设计。

（5）根据初步设计方案进行污水处理施工图设计。

学习单元三

公路景观设计

【引自《世界银行报告 TMU13》】 一条公路可以吸引人们的视觉，也可为人熟视无睹。这取决于公路在周围风景中的实际布局及详细设计、绿化和维修保养的程度。一条精心设计的公路应与周围环境和谐一致，应该利用地形和景色，包括一些当地最好的代表植物。在一些情况中，公路凭借自己的质量就可能成为一个旅游观赏点。即使在既有公路沿线上，仔细地注意风景布置，也可以改变公路的外观以及公路使用者和周围社区对它的感觉。连贯、易理解、等级与和谐是公路景观设计中常常使用的概念。好的景观布置不必一定很贵，应考虑保养。

【思考】 请查找本省、市、地区中道路景观绿化设计的成功范例。

公路的兴建，促进了区域社会经济的发展。然而，修建公路将占用土地、破坏植被，可能影响自然地貌、原始景观,以及区域内文物、遗迹、自然水系等。路体本身分割所在地动(植)物数代生存的空间,影响种群繁衍及动(植)物多样性等。这些将给公路通过区域生态环境、景观资源、视觉环境等造成很大影响。随着社会的进步和人们生活水平的提高,公众对公路的服务要求越来越高,已不再是简单的通达,更要求公路安全、生态环境保护,具有良好的视觉形象和文化品位。

公路景观设计是从美学观点出发,充分考虑路域景观与自然环境的协调,让驾乘人员感觉安全、舒适、和谐所进行的设计。公路景观是包括公路自身及其沿线地域内的自然景观和人文景观的综合体系,它涉及公路的景观设计、沿线地域景观资源的开发利用和保护、公路景观环境的综合评价等内容。公路景观设计的目标就是通过线形景观的设计使公路与环境景观要素相融、协调。景观设计使跨线桥型优美,工程防护美化,收费、加油、服务站点风格鲜明,以绿化为主要措施美化环境,恢复公路对自然环境的损伤。

一、公路景观设计内容及要求

(一) 公路景观

1. 公路景观的概念

公路景观指公路本身形成的景观以及公路沿线的自然景观和人文景观,即展现在行车者视野中的由公路线形、公路构筑物和周围环境共同组成的图景,它是公路与其周围景观的一个综合景观体系。

(1) 公路本身形成的景观

公路自身的景观不同于单纯的造型艺术、观赏景观,而是为满足交通运输功能而具有特定的形态、性能、结构特点,同时还可能包含一定的社会、文化、地域和民俗特点,其中地域性特点赋予公路特定的性质。

公路景观依不同的活动方式而定,一般包括:

①动态景观:乘车人在公路上高速行驶下对公路的感受和认知,如公路线形、坡度、上边坡景观、公路标志物、隔离栅等。

②静态景观:公路外的居民对公路景观的感受和认知,如上下边坡、桥梁、路堤、空间廓线及公路与环境背景的调和程度等。

(2) 自然景观

自然景观指公路用地范围外的自然景观客体,一般包括如下内容:

①地形地貌:山峦丘陵、峭壁悬崖、荒原沙漠、沟壑峡谷、平原梯田等。

②水体水面:江河湖海、岸滩沙洲、沼塘溪涧、瀑布泉流、波光船影等。

③林木花草:森林、草原、花草、树木、地方植物、麦田菜花、果园花木等。

④气象节令:日出日落、云霞雨雾、春花秋月、风雨虹霓等。

(3) 人文景观

人文景观指公路沿线一切人类创造的景观事物,包括:

①城镇:建筑风貌,空间廓线,街道景致,绿化体系,色彩明暗等。

②农村:建筑风貌,地域风格,服饰礼仪,农业景观,乡村文化等。

③文化:名人遗迹,文物古迹,现代建筑(桥梁、隧道、农灌系统、电网、路网、林网、水网等)。

公路景观是一种功能性、实用性与观赏性、艺术性的结合,是人与自然的交流,并且是一种多种景观要素相互映衬、相互作用的动态的空间氛围。

2. 公路景观的特点

公路景观必然与公路自身的特点息息相关,总体来说,具有生态、形态、空间、工程、视觉、受众等各方面特点。

(1) 生态特点

公路的生态学结构意义为廊道。廊道是线性的,不同于两侧基质的狭长景观单元,具有通道和阻隔双重作用,所有的景观被廊道分割,同时又被廊道连接在一起,其结构物对区域的生态过程有强烈的影响。

公路作为环境基质中的廊道,对区域内生态的影响是巨大的,影响的正负取向取决于公路景观质量;同时区域内的生态对公路也有很大的影响,如果合理地加以利用,将对公路景观建设起到良好的作用。

(2) 形态特点

公路是线形构造物,基本作用为交通串联,因此公路景观从整体上来讲是线形景观。由于公路跨越并连接不同的地域,其周边的生态、人文基质并非一成不变,相反,是处于较为连贯的变化之中。公路景观与之协调,也就不可能一成不变,而是在变化中呈现周边基质的特色。

(3) 空间特点

公路沿地表(地球的表面,即地壳的最外层)布置的特点,决定了其空间特点取决于所经区域的地理环境;沿海公路视野开阔,景观元素丰富;平原公路空间开敞,层次单一。一条公路的特点,即是公路所在区域的地理特点。这正说明公路的景观与地理环境紧密相关,最大限度的驾乘景观感受取决于地理环境的空间感。

(4) 工程特点

公路位于自然背景中,较之位于城市的构筑物,周边自然环境在视域内所占比例相对较大,加之公路与自然环境紧邻。公路自身景观趋向具有双重选择,弱化构筑物与自然的边界,或强调工程之美。就生态角度而言,设计倾向于弱化边界,但对于桥梁等设计,则可在保证功能的情况下,优化外观设计,体现力学美。工程与自然不是绝对对立的,通过恰当的设计手法,可以使两种美相得益彰。

(5) 视觉特点

公路上的驾乘人员处于高速运动中,其视觉与静止视点的视觉有较大区别,具有以下视觉特征:

①随着车速的增加,视力减弱。在中等车速的情况下,驾乘人员需有 1/16s 的时间,才能看清目标;视点从一点跳到另一点的中间过程是模糊的,一旦对景物辨识不清,就失去了再次辨识的机会。

②随着车速的增加,视野变小。汽车行驶速度的提高使得视野变小,注意力集中点的距离变大,清楚辨认前方的距离缩小。例如车速 70km/h,注视点在车前 360m,视野范围 60°;车速 100km/h,注视点在车前 600m,视野范围 40°。

③不同亮度产生不同的视觉效应。人们从明亮的环境进入暗处时,初始阶段会什么都看不见,只有逐步适应了黑暗的环境后,才能区分出物体的轮廓,这种适应过程称为暗适应,反之称为明适应。在进出隧道时明暗急剧变化,眼睛瞬间不能适应,看不清前方,即黑洞

效应。

④易造成视觉疲劳。驾驶员在长时间的驾驶中,枯燥的道路景观很容易造成视觉疲劳,尤其在平整的高速公路上,这种现象更加明显。

(6)受众特点

公路的主要使用者为驾乘人员,其视野(即行驶视线)是由内及外的。但不能忽略公路的另一部分受众——公路周边居民,他们的视野是由外及内的,把公路当作视野中的景观元素观赏。因此,公路景观视觉朝向是双向的,就山区公路而言,甚至是立体的。

(二)设计原则

公路景观环境规划设计是对原有景观的保护、利用、改造及对新景观的开发、创造。这不仅与景观的审美情趣及视觉环境质量有着密不可分的联系,而且对它的评价、规划和设计以及对生态环境、自然资源及文化资源的持续发展和永久利用有着非常重要的意义。一般来说,公路景观环境规划与设计须遵循下述原则:

1.保护自然美

保持自然生态环境的真实性、自然性,是当代人审美中一种显著的倾向。尽可能保持公路沿线自然景观的天然性特点,少留人工斧凿的痕迹,是增加公路可观赏性的重要原则。同时,自然性也意味着景观包含更为丰富的自然信息,有较大的科学意义。

2.保持整体性

景观的美就其本质来说,取决于其整体性。所谓整体性,一是连贯或连续,二是和谐或均衡。连续不断的森林、草原,绵延的山岭,广袤的农田,可构成有特色的整体美;植物、地形、建筑有序排列,在美学上相互协调、和谐,也是一种整体美。反之,景观物过分破碎、凌乱,或留下人为破坏的明显痕迹,就会使人感到不美,甚至丑或厌恶。公路景观整体性既指公路沿线自然景观环境的整体性,也指公路与环境构成的整体性。能够因地形随形就势布线,能充分突出自然景观美,或者使公路构筑物和辅助设施与自然景物在尺度、色彩上相匹配,就可取得整体美的效果。

3.注意地域性

我国地域广大,地貌类型多样,气候条件复杂,生态类型多,文化习俗差异亦很大,公路景观建设应因地制宜,形成特色,而特色本身就是美。成都南部丘陵为红土壤地带,所产砂岩也偏红,红砂岩做护坡与土壤颜色很协调,护坡景观亦美;江西景德镇到九江的公路,土壤红色,石头白色,用白石头砌护坡就与深绿色的植被背景不协调,也就失去了美。

4.保证功效性

公路有其特定的功能,线路顺畅,坡度平缓,连通性不塞不挤,这些因素是公路美的必要因素。公路环境景观,若不仅好看,而且可居、可游,则美学质量亦会大为提高。人的趋利性使得景观之可用、有益、成为美的重要特性。

5.讲求经济性

公路景观美的塑造以保护自然景观、利用自然景观、人与自然和谐为主。过分为美而牺牲大量土地进行代价高昂的景观建设,因其"善"的本质受到影响而不被视为美。例如,不讲代价,在人多地少的地方,甚至稻田里硬性划出耕地,建立"绿色走廊",虽可看树的美,但却看不到沃野千里的景象,且剥夺农民利益而引起人深层次(心灵)审美上的反感,是不可取的。

(三)公路景观设计内容及要求

1. 设计内容

公路景观规划设计是对公路用地范围内(公路自身)和公路用地范围外一定宽度(可视范围)和带状走廊里的自然景观与人文景观的保护、利用、开发、创造、设计与完善。其中,对用地范围内,即公路自身的景观规划与设计主要内容是公路构筑物(挡墙、护坡、排水、桥涵、声障等)及路线造型(曲率、坡度),道路绿化美化,道路辅助设施(通信、照明、护栏、路缘、标牌指示)等。这些内容不仅在自身的形式、风格、质感、色彩、尺度、比例、协调等方面符合美学原则,而且还要与环境景观浑然一体,相互协调或相互映衬,共同构成良好的公路景观。

公路景观的规划与设计不仅包括对原有景观的保护、利用、改造,而且有新景观的开发、创造,同时,所谓美与不美还与民族文化、审美情趣和意识有关。在不同路段、不同工程项目的景观保护、利用、规划、设计中,不同的景观内容、处理手段、轻重与深度不尽相同。对于自然景观来说,公路的修建不能破坏当地的自然景观,其影响程度应减至最小。对自然景观的影响应有必要的保护和恢复措施。最理想的是公路建设与自然景观浑然一体、相容协调,共同构成一个良好的景观环境。由此可见,公路景观设计是把握公路整体风格、协调公路与环境关系、改善用路者心理的设计,在公路设计中具有非常重要的地位与作用。

公路上的交通工具为高速行驶的汽车,观景者为车内的驾驶员和乘客。在车辆高速行驶的情况下,驾驶员头部转动的空间范围很小,视线集中在前方车道上,注视点相对固定,视野很窄,而乘客在车辆行进过程中,头部活动空间较大,可以透过车窗,多角度浏览沿路景色。资料表明,随着车速的增加,驾乘人员的视力减弱。在中等车速情况下,驾乘人员需有 $1/16s$ 的时间,才能注视看清目标;视点从一点跳到另一点的中间过程是模糊的,一旦对景物辨认不清,就不再有二次辨认的机会;另一方面,随着车速的增加,驾乘人员的视野变小,注意力集中点距离变大,清楚辨认前方的距离缩小。例如,速度 70km/h 时,注视点在车前 360m,视野范围 65°;速度 100km/h 时,注视点在车前 600m,视野范围 40°。由于人们在公路上是处于运动状态的,因此,路上的景观供人们观赏只是瞬间的,但却是连续的。人们观赏到的是连续的视觉画面,是一个动态的景观序列。因此在设计中,可避免复杂的形体和过于细腻的刻画,切忌过分追求技巧、趣味而工于细节,以适应公路的观景视觉特征。

对于服务区、停车区、观景台等人们可静态观赏的景观,应与路段景观(动态景观)设计综合考虑,静动结合,充分考虑驾乘人员的生理、心理需求,为其提供缓解紧张状态、减轻身心疲劳的优美环境,将其纳入景观总体设计中统一考虑。

总之,公路景观设计应重视公路的动态视觉特点,将静态景观与动态效果景观统一总体考虑。

公路景观遵循张弛序列,可分为基底和兴奋点。基底包含景观基底、生态基底和功能基底。

(1)景观基底——路侧景观

公路所经区域的风貌决定了公路景观的风貌。路侧景观营造并非致力于丰富的路侧绿化形式,而是通过路侧绿化进行视线控制,整合公路周边景观。开敞种植将公路周边的风景资源纳入驾乘人员的视野;屏蔽种植将公路周边的不雅景观隔离在驾乘员的视野之外。路侧绿化起到了景观阀门的作用。同时,适当变化的路侧绿化景观可以起到提示刺激作用。

(2)生态基底——边坡防护绿化

边坡是公路红线范围内最大的生态创面,视觉影响也最大,若开挖边坡不能良好地恢复,将严重影响公路的生态景观。边坡防护绿化的效果是衡量公路生态修复程度最重要的标准。公路边坡防护绿化应以自然恢复为原则,在绿化质感、色彩两方面与周边环境相融合,减少人工痕迹。

(3)功能基底——中央分隔带绿化

中央分隔带是公路路基上的连续带状绿化,种植形式和方案变化都必须满足驾驶员的安全心理需求,主要起到防眩作用;同时方案变化可以给疲劳的驾驶员以刺激作用。中央分隔带设计应以功能设计为主,主要依据植物的防眩效果和驾驶员心理变化规律来设计。设计以饱满、朴素、易于养护为原则。

(4)景观兴奋点——节点设计

公路沿线的可视风景点、公路的枢纽互通、重点隧道及隧道群、服务区等重要构筑物,都是公路景观的节点。通过有效的视线引导设计将沿线可视景观展现在驾乘人员面前,通过适宜的手法营造富于地域特色的枢纽互通、重点隧道、服务区景观,这些兴奋点为驾乘人员平淡的旅途带来舒缓与紧张的节奏。

2. 基本要求

(1)公路景观设计应合理组合路线的平、纵、横面,保证线形流畅、视野开阔;线位方案比选应将环境景观作为考虑因素。

线形组合设计是在平面和纵面线形及横断面初步确定的基础上,用公路透视图或模型法进行视觉分析,研究如何满足驾驶员视觉和心理方面的连续、舒适,与周围环境的协调和良好的排水条件等,再对平、纵面线形进行修改,使平、纵面线形合理地组合起来,使之成为连续、圆滑、顺适美观的空间曲线,从而达到行车安全、快捷、舒适、经济的要求。平曲线与竖曲线能获得行驶安全及平顺优美的线形;过缓与过急、过长与过短的平竖曲线组合在一起容易使驾驶员失去顺适感;平面转角小于7°的平曲线与坡度较大的凹形竖曲线的组合,外观较差,平面线形有折点现象。

从工程技术经济角度出发,路基中心线处挖深达30m或挖方边坡高度大于1.6倍的路基宽度值的深挖方路段要与隧道、明洞方案进行比选;路基中心线处填高达20m的高填方路段要与高架桥、半路半桥方案进行比选;而20m高填方主要是针对局部冲沟、山谷路段,对村镇附近路段8m以上,城乡附近6m以上就应进行方案比选;对于路基中心线处的填高和挖深情况还要考虑周围的自然条件,特别是当自然横坡较陡,容易导致挖方上边坡高度超过60m或容易导致填方下边坡高度超过50m的路段,其纵向长度超过200m时均应进行方案比选,并优先采用有利于环境景观的建设方案。

(2)对公路沿线有景观价值的孤立大树、独立山丘或建筑等自然景观和人文景观应充分利用;服务区、停车区、观景台的设置宜利用公路沿线景观。

在车辆高速行驶的情况下,驾驶员和乘客的视线主要集中在前方车道上,所看到的景观也在前方。公路绕避风景区或独立景观点时,若将风景区或独立景观点布设于曲线的内侧,在车辆驶过曲线路段时,因其视线主要集中在车辆前方,因此,路旁风景区或独立景观点不能进入驾驶员和乘客的视野中,若驾驶员被景色吸引而扭头欣赏时,就会分散驾驶员注意力,对交通安全造成影响;而若将风景区或独立景观点布设于曲线的外侧,则随着车辆的前进,路旁风景区或独立景观点由远及近,由模糊到清晰,车动景移,不同角度展现在人们眼中的是不同的景致,大大丰富了公路动态景观,如图2-3-1所示。

(3)路基边坡宜以自然流畅的缓坡为主,边沟宜选择浅碟式,可以使路基与原有的地面

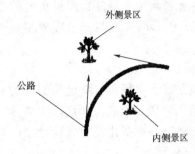

图 2-3-1　公路绕避风景区或独立景观点

形态相协调。

（4）有特殊要求的公路，路面色彩和护栏、路缘石的色彩与形状等宜与沿线自然环境景观相协调。

（5）分离式立交、人行天桥等应根据所处的自然环境和人文环境设计，合理确定桥梁形式、色彩和材质以及各部位比例。设计时应从路内景观和路外景观两个角度综合考虑桥梁的景观效果。

（6）对于跨越大江、大河、城市周围、风景旅游区以及有特殊要求的桥梁，宜进行景观照明设计。

（7）声屏障应根据所处自然环境和人文环境的不同，通过色彩、材质和造型进行景观设计。

（8）隧道洞口设计应结合地形、地区的自然和人文特点，与周围环境相协调；隧道洞内的照明、通风、标志等附属设施和洞壁内饰设计，应综合考虑景观效果。

（9）互通式立交区设计应从立交的选型、构造物及附属设施色彩、路基边坡坡面和立交区内绿化等方面综合考虑；宜利用原有自然植被，使立交与自然景观有机地结合，并与原有地形、地貌和谐统一。

（10）公路服务区、停车区、管理区、观景台等沿线场区及建（构）筑物，应结合当地的人文环境确定建筑风格；并使建（构）筑物本身各部分比例协调，色彩、材质、形状等与周围自然环境相协调。

（11）公路景观设计应注意防止视觉污染。其要求如下：

①公路用地范围内设置的景观小品，应注意色彩、造型的协调，避免引起视觉混乱。

②当公路两侧有影响视觉的场所时，宜采取绿化或工程措施予以遮蔽或改善。

（四）设计方法

公路交通的快速运输功能决定了公路景观结构体系具有线性景观与点式景观模式。这一特定景观结构模式的设计涉及动态与静态、自然与人工、视觉与情感上的问题。要解决好这些问题，在公路景观的规划设计中要遵循基本的思路和方法。

1. 保证道路畅通与安全

保证道路畅通与行驶安全，避免对驾驶员造成心理上的压抑感、恐惧感、威胁感及视觉上的遮挡、不可预见、眩光等视觉障碍，是公路景观规划设计的基础与前提。

2. 线性景观设计重在"势"

早在汉晋时代，我国古代环境设计理论中出现的"形势"说，恰可用于公路景观设计。"形势"说中的形势的概念如下："形"，有形式、形状、形象等意义；"势"则指姿态、态势、趋势、威力等意义。而"形"与"势"相比，"形"还具有个体、局部、细节的涵义；"势"则具有群体、总体、宏观、远大的意义。

线形景观的观赏者多处于高速行驶状态下，在这一状态下景观主体对景观客体的认识只能是整体与轮廓。因此，线性景观的设计应力求做到公路线形、边坡、中央分隔带、绿化等连续、平滑平顺、自然且通视效果好，与环境景观要素相容、协调。而沿线点式景观给人的印象则应轮廓清晰、醒目、高低有致、色彩协调、风格统一。

3. 点式景观设计重在"形"

公路通过村镇、城乡段及公路立交、跨线桥、挡土墙、收费站、加油站、服务区等处的景观,其观赏者除一部分处于高速行驶状态外,还有很大部分处于静止、步行或慢行状态。因此,这部分景观的设计重点应放在"形"的刻画与处理上。如公路路基的形态、形象设计,绿化植物选择与造型,公路构造物的形态与色彩,交通建筑与地方建筑风格的协调,场所的可识别性、可记忆性强调,甚至铺地、台阶、路缘石等均应仔细推敲、精心规划与设计。

(五)设计实例

(1)合理掌握技术标准,灵活运用技术指标(见图2-3-2)。
(2)注重路线连续流畅,提高公路行车舒适性(见图2-3-3、图2-3-4)。
(3)运用运行车速理论优化路线线形,提高行车的安全(见图2-3-5)。

图2-3-2 标准运用案例

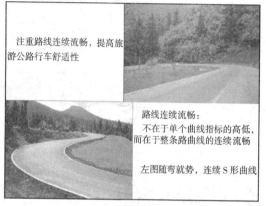

图2-3-3 流畅路线案例

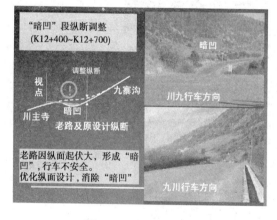

图2-3-4 流畅路线案例

图2-3-5 路线优化案例

(4)灵活确定边坡坡率,改折线为曲线边坡,恢复自然地貌景观(见图2-3-6)。
(5)改变常规的边沟设计,运用矩形边沟加盖板、浅碟形草皮边沟,增加路基有效宽度(见图2-3-7)。
(6)巧妙变化挡土墙高度,注重挡墙饰面,提高结构物自身景观效果(见图2-3-8、图2-3-9)。
(7)积极探索坡面防护新技术(尤其石方边坡),提高防护绿化效果(见图2-3-10)。
(8)分段研究生态区域特点,设计动感旅游景观。
(9)"露、透、封、诱"相结合,突出自然景观(见图2-3-11~图2-3-15)。

图 2-3-6 曲线边坡案例

图 2-3-7 边沟设置案例

图 2-3-8 挡墙设置案例

图 2-3-9 挡墙设置案例

图 2-3-10 坡面防护案例

图 2-3-11 景观表现案例

(10)挡土墙、桥梁栏杆设计为具有民族建筑风格,赋予公路文化内涵(见图 2-3-16)。

(11)注意沿线设施、安全设施等细节处理,增加公路全局景观效果(见图 2-3-17、图 2-3-18)。

(12)绿化要适树、适地、适量(见图 2-3-19)。

图 2-3-12　景观表现案例

图 2-3-13　景观表现案例

图 2-3-14　景观表现案例

图 2-3-15　景观表现案例

图 2-3-16　坡面防护案例

图 2-3-17　细节处理案例

111

图 2-3-18 细节处理案例

图 2-3-19 绿化案例

(13)设置人性化指路标志(见图 2-3-20)。

(14)修整遗留的取、弃土场,绿化恢复自然地貌(见图 2-3-21)。

图 2-3-20 人性化案例

图 2-3-21 景观恢复案例

二、公路景观营造的方法

公路景观营造是对场地发掘和顺应的过程;景观营造的基本方法即是发掘和顺应。发掘而借,顺应而造。

1. 借景

借景是中国园林的传统手法,同样适用于公路景观的营造。公路路域内的景观面积和空间是有限的,为了扩大景物的深度和广度,需要有意识地把路外的景致"借"到路内视景范围中来,收到寓无限于有限之中的妙用。借景不仅有景观功能,还具有安全功能,如线形与地貌协调的公路,路侧的山体地貌,通过有意识的修饰,结合植物栽植,可以成为提示道路走向的指示物。

2. 借能

公路处于生态系统中,则可以利用系统中的能量,合理巧妙地运用自然界的光、风、水等元素,减少资源的使用,并且营造和谐的景观。如互通区域开凿水池,自然降雨蓄水,可以作为互通区域内植物的灌溉用水;同时,水景也给互通景观增加了多样性。又如,可利用路域内的溪流或排水设施中流水的势能,在适宜的路段,构筑瀑布景观。

3. 借场

任何区域都有其区别于其他区域的文化特征,这些特征表现为建筑风格、服饰风格、习俗等,共同构筑,又临驾其上,形成"场"——文化内涵。公路穿越这一个又一个的"场",为其同化,而具有整体的风貌。设计中可有意强化这种风貌,在结构物的色彩、形态、细部构造上体现。

4. 借物

尊重乡土景观是景观设计的新理念,公路景观设计可利用当地的材料和植物进行设计。如置石小品可采用当地的石材或就地取石;植物可大量采用乡土树种,尤其是草种。

5. 借艺

乡土工艺也是值得公路景观借鉴的。公路的建筑物和构筑物,往往可以采用乡土工艺营造出具有地方特色的景观,如干砌石挡墙、土夯墙工艺皆可适当用于景观营造中。

三、公路景观保护措施

公路工程建设不仅应充分保护、利用自然景观,而且应通过设计扬长避短,补偿自然条件的不足,增加美的成分。

1. 预防性地避免景观影响

合理选择路线走向,使公路路线最佳地适应风景,如:

(1)竖向和水平线向应在诸如坡度和曲率半径等技术限制条件允许之内,并综合考虑少占地和投资问题条件下,尽量按照天然的地形起伏,减少高填深挖路段。

(2)改变公路的任何一侧的坡度以适应现场的"天然"地形。

(3)用桥和隧道方案来跨越起伏或陡峭地形,而不是用深挖和高填路基,以保护风景的视觉连续性。

(4)选线应注意不造成公路两侧居民视觉、生理和心理的不快感受,如公路不沿人烟稠密的山谷或河流阶地行进;有视觉要求的地方降低路基高度,以不影响居民对看惯了的景物的观赏,不破坏自然或田园风光等;同时选线应注意自然景观的欣赏,如选择高原或河谷山脊建路以居高临下欣赏广域的自然风光等;高速公路远离居民点、平坝区,可大大减少景观影响和生态影响。

(5)选线避免切割连续的、和谐的自然景观。

2. 利用绿化减轻景观影响和美化公路景观

沿线的美化和植物种植应该做到如下几点:

(1)选择适宜于当地的植物(树、灌木、林阴树、树篱),绿化选择要突出地方特色。

(2)注意构成多样统一的动态风景序列:利用林带断续产生节奏感,利用自然起伏的地形和弯曲产生构图节奏;利用农田与绿色林带交错形成节奏感,利用绿化植物的有序交错、反复构成丰富而不凌乱的动态景观;利用空间的开合产生多样统一的节奏。

(3)分段设计主基调,并注意季相变化,构筑和突出各种交错风景组,形成多样统一的总体布局。

(4)尊重原有好的景观(如自然植被),不强求统一绿化,只是填补空间。

(5)绿化应适应和突出各种建筑良好且有特色的工程建筑物。

(6)利用景观发生变化的信号来指示公路的变化以确保使用者的安全,如在弯道处采用不对称的树木或在进入一弯道或村庄之前,减少林阴道树之间的距离,尤其在下坡转弯路段的外侧种植树丛、树群,可起到美化景观和诱导视线作用,增加安全感。

3. 利用工程设计减轻景观影响

工程设计方面,为减轻景观影响应该做到以下几点:

(1)通过选择适合当地颜色和特性的材料来注意工程结构的美学,使结构形状简朴,不夸张公路设计,使公路建筑对自然景观的冲击减至最小。

(2)保养路边植物、坡度和建筑物,这些都可大大影响公路的可视外观;发挥保养工人的积极性和创造性,让其参与规划和路边环境的管理,则可使道路景观得到改善。

(3)公路选线、服务区设置等应使乘车人能眺望到绵绵远山、壮阔的水景或其他自然景观和人文景观,使沿线美好景观与公路相互映衬,融为一体。

(4)在公路设施或固化的边坡喷涂与环境协调的颜色,制作一定图案,使公路景观与环境景观协调。

4. 遮丑与避丑

为减少杂乱和丑的东西,应该做到以下三个"避免"。

(1)避免使用过多不同类别的噪声屏障、防眩板,防止造成凌乱感觉。

(2)避免在公路附近设置垃圾堆场,防止白色污染进入视野。

(3)避免在公路附近山体就近取石,防止破坏山体完整性,留下永久性"伤疤"。

5. 加强和展示公路景观美

通过合理的设计和建设,可以为公路使用者提供赏心悦目的经历,如:

(1)将公路融合到周围环境中,充分利用地形地物、树木、花草等把公路构筑物对视觉的影响减至最小,即突出自然,隐晦人工痕迹。

(2)在山川河流、湖泊水库、田园风光等自然风景特别好的地段,增设观景点、观景区,形成"旅游专线"、"风景小路"等,提高自然景观的价值和增进公路的吸引力。

(3)开阔有自然风景特色的一侧以利行车观景,用林阴遮挡景观不佳的一侧以遮丑。

(4)通过绿化或其他措施,反映公路的类别、功能和特色。

(5)用绿篱代替隔离栅或以空心砖砌筑隔离墙,内外种植攀墙藤蔓植物,形成绿色走廊。

(6)在保证不影响行车视线下,美化立交桥区,形成风景小区。

(7)重视服务区的景观设计,形成特色与功能的统一。

(8)公路大型桥梁应美观,独具特色,还应与四周景色协调,相互增色。

6. 补偿受影响的景观

对景观造成的不利影响可通过重新植树以恢复那些在公路建设中清除树林的区域,修复风景中的问题区或"黑点",做到某种程度的补偿。如:

(1)挖填路段应注意采用植被措施进行护坡,使其与周围环境协调。

(2)采取工程或生物措施消除公路建设留下的取土坑、采石场、弃土(渣)堆等不良景观。

学习单元四

公路绿化设计

公路景观绿化设计是指在公路路域范围内利用植物及其他材料创造一个具有形态、形式因素构成的较为独立的,具有一定社会文化内涵及审美价值并能满足公路交通功能要求的景物的过程。这样它必须具有以下三个属性:

(1)自然属性,它必须作为一个有光、形、色、体的可被人感知的因素,一定的空间形态,较为独立并易于从公路路域形态背景中分离出来的客体。

(2)社会属性,它必须有一定的社会文化内涵,有观赏功能,改善环境及使用功能,可以通过其内涵,引发公路使用者——驾驶员、乘客、公路管理养护人员等的情感、意趣、联想、移情等心理反应,即所谓的景观效应。

(3)特殊的功能性,这是公路景观绿化设计区别于一般景观设计的重要特征,公路景观绿化设计的依附主体是公路,在其具有上述两种属性的同时必须注意应满足公路在设计、施工、运营过程中的具体功能要求,如交通安全、防止水土流失、净化空气、降低交通噪声等。

一、公路绿化设计要求

(一)绿化的功能与作用

1. 改善公路景观

公路景观绿化是国土绿化的重要组成部分。公路绿化反映公路建设系统工程的水平,景观绿化能使本来生硬、单调的公路线形变得丰富多彩,创造出许多优美的景观;能使裸露的挖方路堑岩石边坡披上绿装,使新建公路对周围环境景观的负面影响降低;能使公路两侧的自然及人文景观资源与环境景观有机结合、协调,使公路构造物(如:立交桥、服务停车区、收费、管养站区)巧妙地融入到周围的环境之中,给公路的使用者——驾驶员及乘客提供优美宜人、舒适和谐的行车环境。

2. 吸尘防噪、净化空气

绿色植物体可以通过光合作用吸收二氧化碳,放出氧气,使公路沿线的空气保持清新。同时植物的叶片还能吸收和阻滞在公路上行驶的车辆排放的尾气中所含的各种有害气体(如 CO、NO_x 等)、烟尘、飘尘以及产生的交通噪声,减轻并防治污染,净化和改善大气的环境质量。

3. 固土护坡及防止水土流失

植物体通过根系对土壤的固着作用,以及植物枝叶和地被植物的有关作用达到涵养水源的目的;并能阻止或减少地表径流,降低和防止雨水冲刷路基、路堤、路堑、边沟、边坡,避免水土流失。

4. 视线诱导

公路绿化是驾驶员和游客视野范围内的主要视觉对象,规整亮丽的树木花草,不仅可以给人以优美、舒适的享受,而且可以提示高速公路路线线形的变化,使行驶于高速公路上的车辆能更安全。

5. 防眩光

在夜间,对向行驶的车辆之间会因车前灯光造成眩目,给交通安全带来极大的隐患,但是在高速公路中央分隔带内栽植一定高度和冠幅的花灌木,能够有效地起到防眩遮光的作用,保障行车安全。

6. 降低路面温度

有关试验表明:夏季沥青混凝土路面,温度高达 40~50℃,比草地和林阴处高 1~14℃,绿地气温较非绿地一般低 3~5℃。通过景观绿化美化,可以改善地温和气温,改善小气候,减轻路面老化,延长公路使用寿命。

(二)公路绿化物种选择

绿化物种应根据气候、土壤、防治污染的要求等立地条件和功能要求进行选择。其要求如下:

(1)具有较强的抗污染和净化空气的功能。
(2)具有苗期生长快、根系发达、能迅速稳定边坡的能力。
(3)易繁殖、移植和管理,抗病虫害能力强。
(4)能与附近的植被和景观协调。
(5)应充分考虑植物的季相景观效果。
(6)尽量采用乡土物种。

公路绿化常用的植物有常绿乔木、落叶乔木、常绿灌木与小乔木、落叶灌木、小乔木与草种、藤木及其他植物等。

植物的生长发育受四季气候有规律的影响,各种生长发育的过程有规律地季节性出现,如生长、授粉、开花、结果或种子成熟等。因此,植物群落的外貌也发生季节性变化,即植物群落的季相。在冷、暖或干湿交替明显的地区,群落季相变化更为显著。温带的落叶阔叶林,早春由于乔木层的树木尚未长叶,林内透光度很大,林下出现春季开花的草本层,构成了春季季相。入夏以后,乔木枝叶茂盛,树冠郁闭,早春开花的草本植物在林下消失,代之而起的是夏季开花植物,又呈现另一片景色。秋季植物叶片由绿变黄,群落外貌又发生变化,呈黄色或红色。选择公路绿化物种时,充分利用植物的季相景观效果,可使公路绿化与周围自然环境自然融合,消除人工绿化的痕迹,充分贯彻与周边环境相融合的设计理念。

(三)设计要求

公路绿化设计应按保护环境和改善环境等功能要求,全面分析、突出重点,合理选择设计方案。

1. 保护环境绿化

保护环境绿化一是保护公路本身的行车免遭风、雪袭击或减轻影响程度;二是防治公路施工、弃土、运营期噪声、废气对沿途环境的污染。因此,应以降噪、防尘、防止水土流失和稳定边坡为重点。其要求如下：

（1）位于风沙或多雪等地区的公路沿线，有条件时宜栽植防护林带。

（2）公路从学校、医院、疗养院或居民聚居区等环境敏感点附近通过时，宜栽植绿化林带防尘降噪。

（3）公路路基、弃土堆、隔声堆筑体等边坡坡面宜及时绿化。

2. 改善环境绿化

改善环境绿化的各种栽植形式并不对公路本身的使用性能产生影响，其目的是为驾乘人员提供得到改善后的良好行车环境，促进行车安全。因此，设计时应以改善视觉环境、有利行车安全为重点。其要求如下：

（1）在小半径竖曲线顶部且平面线形左转弯的曲线路段，为诱导视线，宜在平曲线外侧以行植方式栽植中树或高树。

（2）在隧道洞口外两端光线明暗变化段，宜栽植高大乔木进行过渡。

（3）在中央分隔带、主线与辅道或平行的铁路之间，可栽植常绿灌木、矮树等，以隔断对向车流的眩光。

（4）在低填方且没有设护栏的路段或互通式立交出口端部，可栽植一定宽度的密集灌木或矮树，对驶出车辆进行缓冲保护。

（5）对公路沿线各种影响视觉景观的物体，宜栽植中低树进行遮蔽；有条件时，公路声屏障宜采用攀缘植物予以绿化或遮蔽。

（6）在公路用地边缘的隔离栅内侧，宜栽植刺篱、常绿灌木及攀缘植物等，以防止人或动物进入。

3. 考虑总体环境效果

公路绿化应与沿线环境和景观协调，并考虑总体环境效果。

（1）公路通过林地、果园时，除因影响视线、妨碍交通或砍伐后有利于获得视线景观者外，应充分保留原有树木。

（2）公路通过草原和湿地时，应选择乡土物种进行绿化。

（3）公路绿化宜结合当地区域特征，分段栽植不同的树种，但应避免不同树种、不同高度、不同冠形与色彩频繁变换而产生视觉景观的混乱。

二、公路景观绿化设计内容

从严格意义上讲，高速公路征地范围之内的可绿化场地均属于景观绿化设计的范围，按其不同特点可分为以下几部分内容：公路沿线附属设施（服务区、停车区、管理所、养护工区、收费站等）、互通立交、公路边坡及路侧隔离栅以内区域（含边坡、土路肩、护坡道、隔离栅、隔离栅内侧绿带）、中央分隔带、特殊路段的绿化防护带（防噪降噪林带、污染气体超标防护林带、戈壁沙漠区公路防护林）、取弃土场的景观美化等。公路景观绿化工程的各部分的有关设计原则简述如下：

（一）服务区、停车区、管养工区等公路附属设施景观绿化工程

公路管理养护区、服务区、停车区等区域的绿化设计，应根据总体布局，结合当地自然景观和人文景观，与周围环境相协调。

1. 功能

以美化为主,创造优美、舒适的工作和生活空间,以及适宜的游览、休闲环境。

2. 设计原则

服务区与收费站区的建筑物及构造物一般都较新颖别致,外观美丽,设施先进,具有较强烈的现代感,视觉标志性极强;而且通常空间较大,绿化用地较充足,除周边的大块绿地需要与周围环境互相协调外,其建筑、广场、花坛、绿地主要采用庭院园林式绿化手法,加强美化效果,使整体环境舒适宜人、轻松活泼,达到良好的休闲目的。同时服务区亦可根据各自所处的地域特征,通过绿化加以表达,突出地方文化气息。如图2-4-1所示。

图 2-4-1　美丽的宁常高速茅山服务区

(二)互通立交绿化美化工程

1. 功能

诱导视线,减少水土流失,绿化美化环境,丰富公路景观。

2. 设计原则

互通立交区绿化以地被植草为主,适量配置灌木、乔木,以既不影响视线又对视线有诱导作用为原则。图案的设计简洁明快,以形成大色块。

依据互通立交所处的地理位置、服务城镇性质、社会发展,结合当地历史典故、人文景观、民俗风情等决定表现形式和植物配置。可以将沿线互通立交分为三种类型:

(1)城郊型:地处城市近郊,或本身就是城市的组成部分。在吸纳当地人文历史等背景资料的前提下,可设计抽象或规则图案,表现此地区的综合文化内涵;同时注意城市建筑和公路绿化景观的统一与协调。图案设计体量宜大,简洁流畅,色彩艳丽丰富。

(2)田园型:地处农村郊野,距城镇较远。绿化形式以自然式为主,强调表现本地区的自然风光,突出绿化的层次感及立体感,使互通景观充分融入周围原野中。

(3)中间型:距离大城镇较远,而又靠近小的乡镇,地处农田原野,是城郊和田园型的中间类型。绿化应兼顾双重性,强调体现个性,给游客以深刻印象。

(三)边坡、土路肩、护坡道、隔离栅及内侧地带等的防护及绿化工程

1. 功能

保护路基边坡,稳定路基,减少水土流失,丰富公路景观,隔离外界干扰。

2. 设计原则

(1)公路土路肩和土质边沟的绿化,宜与当地的自然环境和路基填挖方边坡相协调,以乡土植物为主。浅碟式边沟的绿化应贴近自然。

(2)公路边坡的绿化应综合考虑稳定路基、防止水土流失和美化景观等功能,宜与原地貌融为一体。其具体要求如下:

①公路边坡绿化应根据边坡坡度、坡面土质等因素,优先选择适宜于本地生长的物种。

②当路基高度较低并采用浅碟式边沟时,边坡的绿化应与边沟统一考虑。

③对于挡墙、浆砌护坡、石质边坡等,可通过在其下栽植攀缘植物或在其顶部栽植垂枝藤本植物遮蔽构造物。

(3)护坡道绿化应以防护、美化环境为目的,栽植适应性强、管理粗放的低矮灌木。

(4)隔离栅绿化以隔离保护、丰富路域景观为主要目的,选择当地适应性强的藤本植物对公路隔离栅进行垂直绿化。

3. 绿化方式

对于不同坡度的边坡绿化,常用的绿化方式如下:

(1)坡度缓于1:1.5的坡面可种植小乔木或灌木;坡度缓于1:3的坡面可种植中乔木;坡度缓于1:4的坡面可种植大乔木。

(2)土质或以土质为主的边坡,宜用灌木、地被植物进行绿化。

(3)当边坡较高时,对于挖方路基,人的可视范围基本上在一级平台上下,其上设置种植槽,栽植乔木、灌木可绿化平台,栽植垂藤植物可绿化下边坡,栽植攀缘植物可绿化上一级边坡;对于填方路基,边坡的一级平台栽植乔木,既可绿化边坡,又给驾乘人员以安全感,增加行车的安全度。

(4)土路肩如需绿化,应选用草皮。

(5)对于挡墙、浆砌护坡、石质边坡等,通过在其下栽植攀缘植物或在其顶部栽植垂藤植物;经过一段时期后,可起到很好的美化效果。

公路绿化提倡尽量选用本土物种。公路用地范围内的植物即为公路绿化的天然苗圃。施工期间将公路用地范围内的可绿化植物和有特殊意义的植物保护好,用于公路绿化或景观设计,不仅使公路绿化与周围环境相协调,而且大大降低了公路绿化投资。

(四)中央分隔带绿化美化(见图2-4-2)

1. 功能

防眩为主,丰富公路景观。

2. 设计原则

中央分隔带绿化应与当地的自然和经济条件相适应。

(1)绿化植物种类应选择低矮缓生、抗逆性强、耐修剪的植物,有条件时应选择四季常绿的植物。

(2)种植单元的长度应根据设计速度和公路等级合理确定。

图2-4-2 京承高速公路绿地生态

(3)中央分隔带宽度小于或等于3m时,绿化植物宜采用规则式布置;中央分隔带宽度大于3m时,绿化植物宜采用自然式布置。

(4)中央分隔带防眩遮光角控制在8°~15°之间,常见中央分隔带绿化栽植形式主要有3种,即常绿灌木为主的栽植;以花灌木为主的栽植;常绿灌木与花灌木相结合的栽植方式。

中央分隔带绿化主要考虑遮光防眩和景观效果,保证夜间行车安全、美化路容。15km路程一般大约需要行驶10min,行车10min左右的植物种类、颜色、形态等有规律的变化,可使驾驶员、乘客产生韵律和节奏感,给人以美的感受。

分隔带宽度小于3m时,空间较小,绿化植物如采用自然式布置将显得比较杂乱,而且自然式布置需要将小乔木、各种规格的灌木和草地组合配置,植物枝叶展开很可能超过3m,会侵入路界,或使驾驶员产生躲避的心理反应,故不宜采用自然式设计,应采取规则式设计;分隔带宽度大于3m时,空间相对较大,可以自然式配置各种规格的(花)灌木和草地,树丛、树群的规模可适当加大,靠行车道一侧选用低矮植物,中间种植较高的乔木,可丰富道路景观。京石高速公路小于3m的中央分隔带采用规则式种植,大于3m的中央分隔带宽度采用自然式种植,效果较好。国内外的大量工程实例表明,公路土路肩和土质边沟的绿化与当地的自然环境和路基填(挖)方边坡相协调,并以乡土矮草为主,浅碟式边沟的绿化贴近自然,均能发挥良好的环境效应。

(五)特殊路段的绿化防护带

1. 功能

减轻公路运营期所造成噪声及汽车排放的气体污染物超标造成的环境污染,保护公路免受不良环境条件影响。

2. 设计原则

特殊路段绿化防护林带设计应以环境保护及防护为主,设计前应详细查阅环境影响报告书、水土保持方案报告书、公路工程地质勘察报告书等相关资料,明确防护林带的位置、长度、宽度等事宜。同时在植物选择时应注意以下原则:

(1)以规则式栽植为主。

(2)以乔灌木栽植为主,结合植草,进行多层次防护。

(3)所选树种及草种应能对污染物有较强的抗性并有适应不良环境条件的能力。

(六)公路取(弃)土场绿化美化(见图2-4-3)

取、弃土场的绿化应结合区域自然环境,与当地自然地形相协调,与水土保持设计综合考虑,有条件时优先进行复耕。

1. 功能

减少水土流失,恢复自然景观。

2. 设计原则

取(弃)土场绿化设计应以防护为主,尽量降低工程造价,设计方法可参考边坡防护工程有关内容。

图2-4-3 弃土场改造成观景台

(1)公路视线之内的取、弃土场绿化,宜在防治水土流失的基础上,结合景观设计要求,选择相应的物种进行立体绿化。

(2)公路视线之外的取、弃土场绿化设计,可选用与周围环境相协调的物种进行绿化,重点防治水土流失。

(3)在植物选择时应注意以下原则:

①以自然式栽植为主。

②以植草为主,结合栽植乔灌木。

③草种及树种选择遵循"适地适树"的原则。

三、公路路基绿化

(一)路基绿化植物的选择与配置

绿化景观是有效地组织植物,对公路进行美化,改善环境。绿化景观包括植物的选择、植物的配置模式以及种植位置等多个方面。

1. 植物选择

植物的选择是路基绿化的基础,只有适宜当地气候的植物才能营造出优美且有生命力的持续性景观。树种选择应满足以下要求：

(1) 乡土性

树种以乡土树种为主,乡土植物对当地的气候有高度的适应性,且更能营造出与当地植被景观相适应的绿化景观。广义的乡土树种不仅是"本地区原有天然分布的树种",也包含当地驯化多年的树种以及当地规模种植的经济树种,如川渝地区的柑橘、山东的苹果等。

(2) 适地适树

适地适树是指植物特性与立地条件相互适应。如向阳坡面种植喜光植物;酸性土壤选择耐酸植物。

(3) 抗性强

公路的环境较差,污染多,故应当选择抗性强、耐瘠薄的植物。

(4) 易于管理

公路后期的养护管理是粗放型的,不宜选择需要精细管养的植物。

(5) 多样性

为了保证路域环境绿化设计生境的稳定性,应该遵循多样性原则,合理选择乔木、灌木及地被植物。

2. 植物配置

只有合理配置的植物,才能体现出各个单体的美感,主要应考虑3个方面：

(1) 内部结构

植物配置结构应与周边的植物群落结构相协调,如周边是乔-灌-草,路基绿化在条件允许的情况下也应当采用乔-灌-草的结构;如周边以灌丛结构为主,在不考虑植物种植功能性的情况下,则尽量减少乔木的种植量,多种植灌木,与环境协调。

(2) 外观搭配

综合考虑植物色彩、外形、大小、季相的搭配,营造层次丰富的植物景观。

(3) 种植比例

常绿及落叶乔木,乔木和灌木的比例也对植物组团外观有相当大的影响,确定合理的种植比例,也是一种季相设计。

3. 种植位置

植物种植的位置关系和疏密决定了视觉的开合关系和绿化的体块风貌,需要遵循以下2大原则：

(1) 因景设计

遵循系统原则,绿化应支持绿化整体风貌的营造,如需要透景的路段减少种植量,取消乔木,透露出风景;周边有不雅景观则加密种植,屏蔽视线。

(2) 因境设计

公路的绿化设计应当与周边的生态环境相协调,周边绿量较大时,公路绿化也应当加大绿量与之匹配;反之,若公路地处荒漠,周边植物稀薄,则可减少绿化,甚至不做绿化,而与周边环境相协调。

(二) 路堑边坡绿化

在山区公路中,路堑边坡数量多、面积大,其绿化质量的好坏直接影响到公路景观。坡面绿化、坡顶绿化、端部绿化是值得关注的几个重要部位。

1. 坡面绿化

坡面绿化既起到防护作用,又起到改善景观作用。从防护作用讲,坡面绿化是边坡防护的一种——植被防护,因此,要求用于坡面绿化的植物根系发达、初期生长快、耐瘠薄、易于养护,能在短期内就起到防护的作用,多选择根系发达的草本植物。从改善景观作用讲,单纯的草本植物景观单调,且往往与周围的环境不协调,故更需要乔、灌、草结合,使坡面绿化达到防护与景观改善两者兼顾。

坡面绿化的防护作用对路堑边坡而言是首要的。为此,发展了直接喷播绿化、挖沟植草绿化、三维网喷播绿化、厚层有机基材喷播绿化、土工格室绿化,以及与工程防护相结合的骨架植被绿化等多种绿化措施,以适应不同坡率、不同边坡岩土体条件。这些措施在工程中已得到广泛应用,其关键在于为植物生长提供必要的条件,并迅速起到防护作用。

边坡坡面绿化的最佳形态是达到与周围环境的协调一致,边坡的开挖只是改变了地形,而未改变地貌。这就要求在植物,尤其是乔木、灌木的选择与栽植位置上,尽可能模拟周边的环境,草本植物经过若干年的演绎更替后被当地植物所代替。

2. 坡顶绿化

坡顶是坡面与周边环境的过渡地带,是衔接边坡与原有地貌的重要位置。对这个部位的绿化,可遵循以下原则:

(1)对背景植被繁茂,坡顶植被保留较好的边坡,可不进行坡顶绿化,只进行简单补偿绿化。

(2)对背景植被繁茂,但坡顶植被稀疏的边坡,加强坡顶绿化,使边坡边缘与周边环境和谐过渡。绿化不宜整齐列植,而采用自然式绿化手法,营造活泼的林缘线,削弱边坡边缘线形。

(3)对背景植被稀疏,为与周边环境协调,不宜强调坡顶绿化,可在坡顶截水沟旁不连续丛状种植灌木,起到掩映截水沟的作用。

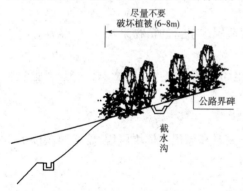

图 2-4-4 坡顶植物保护范围

截水沟的遮掩绿化应综合考虑周边林缘线的连续性和立地条件,宜连续丛状种植灌木,起到掩映截水沟的作用,但不宜沿沟栽植,突出截水沟的线形。对原有植被良好的情况,应保留坡顶开挖线与征地红线范围内的植物,将截水沟隐藏于原有植被中。坡顶植物保护范围,如图 2-4-4 所示。

3. 边坡端部绿化

在边坡端部,宜种植长势良好的垂吊植物及灌木,将边坡端部隐入灌丛中。相邻边坡交接处植被一般不完整,土壤裸露,是边坡绿化的盲点。应视立地条件,采用群落组团种植,结合边坡端部绿化设计,形成统一的绿化效果。

(三)路侧绿化

路基绿化摒弃以往的带状绿化,取消连续的行道树。减弱人工绿化带的"边缘强化效应"。绿化以调节、屏蔽、引导等功能入手,遵循公路景观的张弛序列,既满足交通的安全性需求,又满足视觉通廊的景观性需求。

路侧随地形地貌起伏变化大,绿化营造设计应从以下几方面进行考虑。

1. 栽植种类

绿化以常绿乔灌木为主，尽量少种落叶乔木，以免落叶后的大量林木产生眩目的效果。

绿化物种类不宜过多，避免不同树种、不同冠形与色彩的植物频繁交替而产生视觉的混乱。绿化观赏线应在一定距离上保持稳定、流畅。因此，绿化栽植应在整体风格下适当变化，不单调又不过多吸引驾驶员的视线，可在一定距离增加一些跳跃性的色彩，以调节驾驶员的视线，但不能过多应用色彩太艳丽的植物。

2. 栽植位置

路侧绿化除考虑视距外，还应注意路侧安全。近路侧绿化一般以灌木丛为主，乔木应与行车道保持一定的距离，以免高大乔木的明暗眩光和太阳斜照时出现的光栅造成眩目和视力疲倦。

为避免乔木生长成型对公路空间形成的压缩感，乔木种植点与路肩的距离大于5m，灌木种植点与路肩的距离大于2m，地被可满铺种植。

3. 栽植尺度

景观生态学中的尺度一般是指对某一研究对象或现象在空间上或时间上的量度，分别称为空间尺度和时间尺度。美学中的尺度，是一个与比例紧密相连的概念。在公路绿化中，尺度主要指一种基于动态观赏角度考虑的比例关系。在高速行驶中，驾乘人员对周围景观的观赏只能具体到大的线和面，用大视野尺寸来考虑绿化在空间上的布设。

为保证景观可辨性，视线停留时间应不小于5s，以行驶车速60km/h计算，成团或成林种植，种植单位长度应大于80m。

4. 栽植手法

（1）视窗种植

路堤绿化以通透为主，削弱公路和环境的界面，驾乘人员可沿线欣赏当地的风貌。优美的风景，通过视窗种植将路外风景展现给驾乘人员，为避免视觉审美疲劳，视窗开口长度不大于1km；为保证视觉可辨性，视线停留时间不小于5s；按速度60km/h计算，视窗开口长度不小于80m。同时，为保证视线通透，路侧种植与路肩高差不宜超过1m；局部路段，为保证良好的视觉开敞感受，路侧种植可以地被为主，与路肩高差不大于0.5m。

为避免灌木生长成型对公路空间形成的压缩感，灌木种植点与路肩的距离大于2m，地被可满铺种植。如图2-4-5观赏栽植示意图所示效果。

图2-4-5 观赏栽植示意图
a）栽植前；b）栽植后

（2）模拟种植

模拟种植针对周边原生植被茂密且与公路路肩距离小于10m的路堤断面路段，路侧绿化应以模拟恢复为主，如周边为阔叶林，路侧绿化树种与之统一；周边为竹林，路侧绿化采用植物以竹类为主，周边为灌木林，路侧绿化以灌木为主。

为避免乔木生长成型对公路空间形成的压缩感,乔木种植点与路肩的距离大于5m,灌木种植点与路肩的距离大于2m,地被可满铺种植。

(3)调节种植

调节种植主要起到分割视窗或为景观平淡路段提供兴奋点的作用,每5min无视觉兴奋点应进行调节种植。为保证景观可辨性,视线停留时间不小于5s,种植不宜过于精细。种植形式采用辨识性较强的孤植种植,或长度不小于80m的路林成群种植。

为避免乔木生长成型对公路空间形成的压缩感,乔木种植点与路肩的距离大于5m。

(4)屏蔽绿化

对于路侧景观较差的路段,如取石场、杂乱的沿线民居,可采用屏蔽绿化,绿化桩号起止点取决于屏蔽对象的大小、与驾驶员的视觉角度以及与公路的距离。

(5)引导种植(见图2-4-6)

图2-4-6 视线引导栽植示意
a)栽植前 b)栽植后

山区公路弯道较多,在无结构物(如边坡)提示的情况下,需进行引导种植。一般采用成列规则种植,经研究,植株视觉间距为3m时,乔木树干易产生眩光频率,故植株视觉间距应避免为3m,建议采用间距为4m的品字种植,视觉间距为2m。

(四)中央分隔带绿化

1. 设计原则

中央分隔带绿化主要为功能性绿化,满足防眩功能,景观性较弱,考虑与周边环境的融合感。

在植物选择上,应从防眩效果和植株色彩上考虑。

(1)采用枝叶细腻、植株厚实的植物,防眩效果好。

(2)植物色彩应与周边环境协调,如周边主要为农田,植物色彩宜以浅绿或黄绿为主;周边为山岭,植物色彩宜以深绿为主。

2. 设置长度

根据张弛序列,每5~10min提供给驾驶员新的视觉吸引点,缓解驾驶员的疲劳。取10min,速度按60km/h计算,中央分隔带每10km需景观变化,可采用层次色彩丰富的植物种植作为提示段,以5s视觉停留为依据,速度按60km/h计算,提示段长度不小于80m,取100m。若中途有桥梁、隧道、互通,可不设置提示段。

3. 方案设计

中央分隔带绿化的主要功能是防眩,方案设计应从遮光角、防眩高度和栽植间距3个方面考虑。中央分隔带绿化设计需要确定合适的植株间距和植株高度,提示种植应注意高低和色彩的多种搭配,给行路者在视觉上带来节奏感、变化感,减缓行车疲劳。在隧道前区、互通前区、服务区前区、避险车道等重要部位,还可考虑通过改变中央分隔带的种植方式和植物色彩,起到提示作用。

(1)植物的选用和配置模式

我国公路中央分隔带一般较窄,为3m左右,因此,应以栽植灌木为主,基调应四季常绿,可间隔种植花卉,丰富公路景观。植物的选择以常绿、耐寒、耐旱、耐修剪为原则。

(2)植株的间距和冠径

植株间距与植株的正投影半径、车型、车灯扩散角、车速,以及车辆的距离存在一定关系。

在平曲线路段,车辆前照灯的光线沿着平曲线的切线方向射出,曲线内侧车辆的灯光对外侧车道车辆有较大影响。植株间距的大小受到植株的正投影半径和公路平曲线半径的影响。树冠的直径主要根据中央分隔带的宽度来定,一般控制在50~150cm,以不超出中央分隔带边缘,树冠不在路面上造成投影为宜,以免影响驾驶员的视线。

(3)植株的高度

植株高度与车辆前照灯高度、驾驶员视线高度、公路状况和车型等诸因素有关。

一般小车驾驶员的视线高度为100~120cm,货车驾驶员的视线高度为180~200cm,因此,植株高度不应低于120cm,以130~180cm为佳,分枝高度应在50cm以内。过高的植物会隔断公路景观的连续性,还会压缩路侧净空,造成驾驶员的心理紧张;植株过低,起不到防眩作用。

(4)栽植模式

中央分隔带绿化植物配置主要有灌木绿篱型、灌木+小乔木型、灌木+花草型、乔灌草复层型等几种类型。提示段一般采用较为复杂的配置形式,与一般段落区分。

绿篱式种植是指在一定距离内持续栽种同一种常绿植物,修剪为绿篱形式,防眩功能好,简洁。

将由两种或两种以上的植物按一定方式进行植物配置统称为间隔式。这种模式仍以绿色为基调。

灌木+小乔木型(见图2-4-7),是间隔式典型的配置形式,它在常绿灌木的基础上选择2~3种观花(或观叶)型小乔木,3~5m间植一株。

图2-4-7 灌木+小乔木型中央分隔带

灌木+花草型,是以常绿灌木为主调,不同花期、不同质地、不同叶色的花草及灌木为点缀。与灌木+小乔木型相比,植物的色彩更为丰富,季相感更强。

乔灌草复层型是最复杂、丰富的中央分隔带形式(图2-4-8),适用于中央分隔带宽度大于5m的情况,一般应用于分离式路基。

在以上中央分隔带种植形式中,绿篱型是最为常用也最为适用的形式,其余形式多用于提示段或特殊段落。

绿化植物色彩不宜太艳丽,以免分散驾驶员注意力。此外,也要避免不同树种、不同冠形频繁变化而导致驾驶员视觉上的混乱。在具体的设计中,可以采用重复渐变的手法,把不同植物按一定的节奏韵律分段设置,使景观丰富又不混乱。

图 2-4-8　乔灌草复层型中央分隔带图

四、公路景观绿化设计程序及文件的编制

(一)公路景观绿化设计的依据

主要设计依据如下:

(1)业主单位对项目的设计委托书(合同书)。

(2)交通运输部《公路工程基本建设项目设计文件编制办法》。

(3)交通运输部《公路环境保护设计规范》(JTJG B04—2010)。

(4)《交通建设项目环境保护管理办法》。

(5)公路工程预可报告、工可报告、初步设计文件及施工图设计文件。

(6)公路环境影响报告书。

(7)公路水土保持方案报告书。

(8)国家和交通运输部现行的有关标准、规范及规定等。

(二)公路景观绿化设计程序

1. 现状调查

(1)公路工程设计资料调查、收集

①公路等级、路线走向、预测交通量、工期安排等。

②公路主要经济技术指标。如路基、路面宽度;路堤、路堑和边坡的长度、宽度、高度、坡度、地质状况。

③平交道口和交叉区的位置以及构造情况等;平曲线位置、半径以及长度。

④构造物如边沟、桥涵、分隔带、堤岸护坡、挡土墙、防沙障、调水坝、过水路面等的位置及其绿化环境。

⑤服务区、停车区、收费站、管理所、养护工区等设施的位置、面积和总体布局等。

⑥统计绿化面积、位置、高程、长度、宽度、坡度、堆积物等。

⑦按绿化工程实施的难易程度对公路进行分段统计。

(2)公路沿线社会环境状况调研

①区域:公路经过的主要区域;重要的集镇规划;主要的工厂、矿山、农场、水库;周围建

筑物;名胜古迹;疗养区和旅游胜地等。
②风俗习惯:路线沿线居民特殊生活风俗、绿化喜好和忌讳习惯等。
③劳动力资源、工资、机具设备、运输力量等。
④组织:当地公路管理机构;公路养护组织;主要机具设备等。
⑤农田:旱田、水田、果园、菜地、大棚等分布及作物种类。
⑥公路现场周围地上和地下设施的分布情况,如电缆、电线、光缆、水管等的深度和分布。绿化植物的栽植应与之保持适当距离。

(3)公路沿线自然环境状况调查
①调查物候期、降水量、风、温度、湿度、霜期、冻土及解冻期、雾、光照等影响公路交通功能和绿化效果的因子。研究各气象因子近10年以上年度和各月份平均值及变化规律,特别注意灾害性气象的发生规律,如极端气温、暴雨、干旱、台风等。
②调查种植地土壤的酸碱性、盐渍化程度、厚度、土温、含水率变化、冻土情况、肥力等理化性质。
③调查地表水分布、地下水水位和分布、水量等;必要时检测水质指标。

(4)公路沿线植物情况的综合调查
①种类调查:当地已有的公路绿化植物、园林植物,包括乔木、(花)灌木、草本植物、攀缘植物;常绿植物、落叶植物;针叶树和阔叶树等。
②苗源调查:种类、数量、质量、来源、距离、价格等。
③生态习性和主要功能:包括花期、返青期、落叶期、耐阴、耐旱、耐湿、耐盐碱、耐修剪、根系分布等。
④公路沿线绿化常用技术经验。
⑤路线沿线现存树木调查:珍稀古树名木和林地的种类、位置、分布、数量等。

2. 图纸资料的收集
在进行设计资料收集时,除上述所要求的文件资料外,应要求业主提供以下图纸资料:
(1)路线地理位置图、路线平纵面缩图。
(2)公路平面总体方案布置图、公路平面总体设计图、公路典型横断面图。
(3)路线平纵面图、工程地质纵断面图。
(4)取土坑(场)平面示意图、弃土堆(场)平面示意图。
(5)路基防护工程数量表、路基防护工程设计图。
(6)沿线水系分布示意图。
(7)隧道平面布置图。
(8)互通式立体交叉设置一览表、互通式立体交叉平面图、互通式立体交叉纵断面图。
(9)沿线管理服务设施总平面图(服务区、停车区、收费站、管理处、养护工区)、沿线管理服务设施管线(水电)布置图。

3. 现场踏勘
任何公路景观绿化设计项目,无论规模大小,项目的难易,设计人员都必须到现场认真进行踏勘。一方面,核对、补充所收集到的图纸资料,如现状的建筑物、植被等情况,水文、地质、地形等自然条件。另一方面,由于景观设计具有艺术性,设计人员亲自到现场,可以根据周围环境条件,进入艺术构思阶段,做到"俗则屏之,嘉则收之",发现可利用、可借景的景物和不利或影响景观的物体,在规划过程中分别加以适当处理。根据情况,如面积较大、情况较复杂的互通立交、服务区等,有必要的时候,踏勘工作要多次进行。

现场踏勘应尽量能有熟悉当地情况及公路线位走向的设计人员作向导,并应拍摄环境的现状照片,以供进行总体设计时参考。

4.绿化植物的选择与配置

(1)植物选择要根据生物学特性,考虑公路结构、地区性、种植后的管护等各种条件,以决定种植形式和树种等。

①与设计目的相适应。

②与附近的植被和风景等诸条件相适应。

③容易获得,成活率高,发育良好。

④抗逆性强,可抵抗公害,病虫害少,便于管护。

⑤形态优美,花、枝、叶等季相景观丰富。

⑥不会产生其他环境污染,不会影响交通安全,不会成为附近农作物传播病虫害的中间媒介。

⑦适当考虑经济效益。

(2)应优先选择本地区已采用的公路绿化植物、其他乡土植物和园林植物等。经论证、试验后,可适当引进优良的外来品种。

①路域生态环境要求绿化植物种类和生态习性的多样性。

②选择植物品种应兼顾近期和远期的树种规划,慢生和速生种类相结合。

③大树移植宜选择当地浅根性、萌根性强、易成活的树木。

④草种选择应根据气候特点,选择适合当地生长的暖季型或冷季型。

附录 常用环境保护监理用表

附表1 地表清理与掘除检验报告

项目名称：_____ 合同号：_____
承 包 人：_____ 编　号：_____
监 理 人：_____

致_____（监理办）_____：

我部于_____年_____月_____日至_____年_____月_____日完成了桩号_____路段地表清理与掘除施工。

请予检验。

项目环境负责人(签字)：　　　年　　月　　日
项目经理(签字)：　　　年　　月　　日

专业监理工程师意见：

专业监理工程师(签字)：　　　年　　月　　日

监理办意见：

总监理工程师(签字)：　　　年　　月　　日

附表2 取(弃)土场变更审批表

项目名称:_____ 合同号:_____
承 包 人:_____ 编 号:_____
监 理 人:_____

致_____(监理办)_____:
  我单位根据工程实际情况,现需对取、弃土场的位置进行变更,请给予审批。
  附件:施工取(弃)土场变更申请报告[①工程概况;②设计土石方调配计划及取(弃)土场规划情况;③申请变更取(弃)土场周围环境概况及取(弃)土石方量;④施工期间取(弃)土场拟采取的保护措施;⑤施工结束后拟采取的恢复措施;⑥附件:相关照片]。

           项目环境负责人(签字):   年 月 日
           项目经理(签字):   年 月 日

专业监理工程师意见:

附件:取(弃)土场变更申请审查意见。

           专业监理工程师(签字):   年 月 日

监理办意见:

           总监理工程师(签字):   年 月 日

附表3 取(弃)土场整治恢复检验报告单

项目名称:_____ 合同号:_____
承 包 人:_____ 编　号:_____
监 理 人:_____

致_____(监理办)_____:

　　我部已完成_____取(弃)土场整治恢复。
请予检验。
附件:

项目环境负责人(签字):　　　　年　　月　　日
项目经理(签字):　　　　年　　月　　日

专业监理工程师意见:

专业监理工程师(签字):　　　　年　　月　　日

监理办意见:

总监理工程师(签字):　　　　年　　月　　日

本表承包人专用,一式2份,监理人签收后归档保存。

附表4　施工临时用地计划审批表

项目名称：_____　　　合同号：_____
承 包 人：_____　　　编　号：_____
监 理 人：_____

单位工程名称		临时用地用途	

致_____（监理办）：
　　我部根据施工进展情况,现需征用施工临时用地,请给予审批。
　　附件:施工临时用地计划(①工程概况;②临时用地位置、数量及使用计划;③临时用地环境概况;④施工期对周边环境的影响和拟采取的环境保护措施;⑤使用前的原地形、地貌、植被状况的影像及文字资料;⑥施工结束后拟采取的恢复措施;⑦附件:相关部门审批手续、临时用地协议以及相关照片)。

　　　　　　　　　　　　　　　　　　　　项目环境负责人(签字)：　　　　年　　月　　日
　　　　　　　　　　　　　　　　　　　　　　项目经理(签字)：　　　　　　年　　月　　日

专业监理工程师意见：

附件:施工临时用地计划审查意见。

　　　　　　　　　　　　　　　　　　　　专业监理工程师(签字)：　　　　年　　月　　日

监理办意见：

　　　　　　　　　　　　　　　　　　　　　总监理工程师(签字)：　　　　　年　　月　　日

附表5 施工临时用地整治恢复检验报告单

项目名称：_____　　合同号：_____
承 包 人：_____　　编　 号：_____
监 理 人：_____

致_____（监理办）_____：
我部已完成_____土地整治恢复。
请予检验。
附件：
项目环境负责人(签字)：　　　　年　　月　　日
项目经理(签字)：　　　　　　　年　　月　　日
专业监理工程师意见：
专业监理工程师(签字)：　　　　年　　月　　日
监理办意见：
总监理工程师(签字)：　　　　　年　　月　　日

本表承包人专用，一式2份，监理人签收后归档保存。

附表6 施工临时用地恢复情况一览表

项目名称:_____ 合同号:_____
承 包 人:_____ 编 号:_____
监 理 人:_____

序号	临时用地名称	地　　点	恢 复 措 施	备　注

项目环境负责人(签字):　　　　　年　　月　　日
项目经理(签字):　　　　　　　　年　　月　　日

附表7　现场环境质量监测结果报告单

项目名称：_____　　合同号：_____
承 包 人：_____　　编　号：_____
监 理 人：_____

工程名称		监测地点(桩号)	
监测时间	年　月　日	监测因子	
监测人员		监测方法	

环境监测结果：

国家环境标准和要求：

超标原因分析及应采取的措施：
监测人员(签字)：　　　　　　　　　　年　月　日

专业监理工程师意见：
专业监理工程师(签字)：　　　　　　　　年　月　日

监理办意见：
总监理工程师(签字)：　　　　　　　　　年　月　日

附表8 ＿＿＿＿＿＿拌和场(预制场)环境保护设施检验报告单

项目名称：＿＿＿＿＿＿＿＿＿＿＿＿＿＿ 合同号：＿＿＿＿＿＿＿＿＿＿＿＿＿＿
承 包 人：＿＿＿＿＿＿＿＿＿＿＿＿＿＿ 编　号：＿＿＿＿＿＿＿＿＿＿＿＿＿＿
监 理 人：＿＿＿＿＿＿＿＿＿＿＿＿＿＿

致＿＿＿＿＿＿（监理办）＿＿＿＿＿＿：
　　我部已完成＿＿＿＿＿＿＿＿拌和场(预制场)环境保护临时设施的建设工作。
　　请予检验。

附件：① 拌和场(预制场)环境保护设施检验记录；
　　　② 拌和场平面布置示意图。

环境负责人(签字)：　　　　　　　　年　　月　　日
项目经理(签字)：　　　　　　　　　年　　月　　日

专业监理工程师意见：

专业监理工程师(签字)：　　　　　　年　　月　　日

监理办意见：

监理工程师(签字)：　　　　　　　　年　　月　　日

本表由承包人在开工前填报，一式2份，监理人签收后归档保存。

附表9 围堰拆除申请单

项目名称:_____ 合同号:_____
承 包 人:_____ 编　号:_____
监 理 人:_____

致_____(监理办)_____:
　　我部已完成_____围堰拆除准备工作。拟定于_____月_____日开始拆除。
　　请予批准。

　　附件:① 围堰拆除技术方案及安全保障措施;
　　　　② 围堰拆除对周围环境的影响及采取的环境保护措施。

项目环境负责人(签字):　　　年　　月　　日
项目经理(签字):　　　年　　月　　日

专业监理工程师意见:

专业监理工程师(签字):　　　年　　月　　日

监理办意见:

总监理工程师(签字):　　　年　　月　　日

本表承包人专用,一式2份,监理人签收后归档保存。

附表10 围堰拆除检验报告单

项目名称：_____ 合同号：_____
承 包 人：_____ 编　号：_____
监 理 人：_____

致_____（监理办）_____： 　　我部已完成_____围堰拆除工作。 　　请予检验。 　　附件：拆除工程数量及自检说明。   　　　　　　　　　　　　　　　　　　　　项目环境负责人(签字)：　　　　年　　月　　日 　　　　　　　　　　　　　　　　　　　　项目经理(签字)：　　　　　　　年　　月　　日
专业监理工程师意见：   　　　　　　　　　　　　　　　　　　　　专业监理工程师(签字)：　　　　年　　月　　日
监理办意见：   　　　　　　　　　　　　　　　　　　　　总监理工程师(签字)：　　　　　年　　月　　日

本表承包人专用，一式2份，监理人签收后归档保存。

附表11 工程环境保护事故报告单

项目名称:_____ 合同号:_____
承 包 人:_____ 编　号:_____
监 理 人:_____

致_____(监理办): _____年____月____日____时在_____部位(详见设计图纸_____),发生环境保护事故,报告如下: (1)问题(事故)经过及原因的初步分析: (2)造成损失及人员伤亡情况: (3)补救措施及初步处理意见: 待进一步调查后,再另作详细报告。 　　　　　　　　　　　　　　项目环境负责人(签字):　　　　年　　月　　日 　　　　　　　　　　　　　　　　项目经理(签字):　　　　年　　月　　日
监理办意见: 　　　　　　　　　　　　　　专业监理工程师(签字):　　　　年　　月　　日 　　　　　　　　　　　　　　总监理工程师(签字):　　　　年　　月　　日
发包人意见: 　　　　　　　　　　　　　　　　　　　　负责人:_____
抄报:

本表由承包人填报,一式4份,建设、监理、施工、设计单位各1份,重大事故报当地环境保护主管部门。

附表12 工程环境保护事故处理方案审批表

项目名称：＿＿＿＿＿＿＿＿＿＿＿＿＿＿＿　　合同号：＿＿＿＿＿＿＿＿＿＿＿＿＿＿＿＿

承 包 人：＿＿＿＿＿＿＿＿＿＿＿＿＿＿＿　　编　号：＿＿＿＿＿＿＿＿＿＿＿＿＿＿＿＿

监 理 人：＿＿＿＿＿＿＿＿＿＿＿＿＿＿＿

致＿＿＿＿＿＿（监理办）＿＿＿＿＿＿： 　　＿＿＿＿年＿＿月＿＿日＿＿时在＿＿＿＿＿＿＿＿部位(详见设计图纸＿＿＿＿＿＿＿＿)，发生的污染事故，已于＿＿＿月＿＿＿日提出《工程环境保护事故报告单》。现提出处理方案，请予审查。 　　附件：① 工程环境保护事故详细报告； 　　　　② 工程环境保护事故处理方案。   　　　　　　　　　　　　　　　　　项目环境负责人(签字)：　　　　年　　月　　日 　　　　　　　　　　　　　　　　　项目经理(签字)：　　　　　　　年　　月　　日
监理办意见：   　　　　　　　　　　　　　　　　　专业监理工程师(签字)：　　　　年　　月　　日 　　　　　　　　　　　　　　　　　总监理工程师(签字)：　　　　　年　　月　　日
发包人意见：   　　　　　　　　　　　　　　　　　负责人(签字)：　　　　　　　　年　　月　　日
抄报：

本表由承包人填报，一式4份，发包人、监理、设计、承包人各1份，重大事故报当地环境保护主管部门。

参 考 文 献

[1] 中华人民共和国行业标准. JTG B03—2006 公路建设项目环境影响评价规范[S]. 北京:人民交通出版社,2006.
[2] 中华人民共和国行业标准. JTG B04—2010 公路环境保护设计规范[S]. 北京:人民交通出版社,2010.
[3] 李全文. 公路环境规划[M]. 北京:人民交通出版社,2009.
[4] 戴明新. 公路环境保护手册[M]. 北京:人民交通出版社,2004.
[5] 戴明新. 交通工程环境监理指南[M]. 北京:人民交通出版社,2005.
[6] 刘天玉. 交通环境保护[M]. 北京:人民交通出版社,2003.
[7] 田平,等. 公路环境保护工程[M]. 2版. 北京:人民交通出版社,2008.
[8] 周洪文,等. 公路绿化与施工质量管理[M]. 北京:人民交通出版社,2009.
[9] 江玉林,张洪江. 公路水土保持[M]. 北京:科学出版社,2008.
[10] 毛文永. 建设项目景观影响评价[M]. 北京:中国环境科学出版社,2005.
[11] 邓卫东,等. 公路景观规划与营造[M]. 北京:人民交通出版社,2011.
[12] 李海峰. 美国公路设计理念及川九路改建设计经验[J]. 北京:交通运输部规划设计研究院,2005.
[13] 浙江省交通运输厅工程质量监督站. 公路施工环境保护监理[M] 北京:人民交通出版社,2006.